简单多边形最佳剖分算法研究

钱敬平　著

东南大学出版社

SOUTHEAST UNIVERSITY PRESS

·南京·

内容提要

本书介绍一种新的剖分形式,它是实现简单多边形准实时的在线的线性时间剖分的必要形式,这种剖分由凸环和/或凹环组成。新形剖分除了将多边形内外两侧的凸凹环一并考虑外,还引入一种增强型半边数据结构,它可以将交叠的几何数据以子区域的形式保存。

全书共分三篇:

第一篇阐述了准实时的在线的线性时间简单多边形凹凸环剖分算法的数据结构、基本定义和理论基础,并且还介绍了算法实现相关函数和复杂度分析;

第二篇是简单多边形剖分最佳算法软件的使用指南,包括软件界面、数据文件格式、软件的调试、子区域的数量,以及软件测试;

第三篇是简单多边形剖分最佳算法的 Java 语言源程序。

本书适合于计算机图形学、计算几何、机器人运动及图形游戏编程等相关专业人员参考。

图书在版编目(CIP)数据

简单多边形最佳剖分算法研究 / 钱敬平著. — 南京:东南大学出版社,2020.7

ISBN 978-7-5641-9004-0

Ⅰ. ①简… Ⅱ. ①钱… Ⅲ. ①三角剖分-研究 Ⅳ. ①O187

中国版本图书馆 CIP 数据核字(2020)第 124442 号

简单多边形最佳剖分算法研究　Jiandan Duobianxing Zuijia Poufen Suanfa Yanjiu

著　　者	钱敬平
出版发行	东南大学出版社
地　　址	南京市四牌楼 2 号　邮编:210096
出 版 人	江建中
网　　址	http://www.seupress.com
经　　销	全国各地新华书店
印　　刷	南京玉河印刷厂
开　　本	787mm×1092 mm　1/16
印　　张	13.25
字　　数	245 千字
版　　次	2020 年 7 月第 1 版
印　　次	2020 年 7 月第 1 次印刷
书　　号	ISBN 978-7-5641-9004-0
定　　价	59.00 元

(本社图书若有印装质量问题,请直接与营销部联系,电话:025-83791830)

前言

　　简单多边形的剖分是计算机图形学、计算几何、机器人运动的基本问题。笔者从 2007 年开始探讨这一问题，经过初步构思，提出了凹凸双态环剖分的解决方案，然后进行编程调试，验证实施。随着程序编写的深入，不断发现新的问题，推翻原先的假定。随后又引入了可替代环的概念、内外侧翻转警戒线的概念等，断断续续，历时 13 年，经历多次失败与新的尝试，现在终于告一段落，使得本算法能够实现这样的目标：在平均情况下是实时的、最坏情况下是线性时间的。为了不让这一方法付诸东流，本人不揣浅陋，写下了这本《简单多边形最佳剖分算法研究》，希望能够为简单多边形剖分算法库添砖加瓦。在这里申明一下，本人略知一点计算机图形学，不是计算几何方面的专家，不懂得此方面的高深理论，只知道一些粗浅的编程知识，对线性时间算法有一些基本的了解。因此，本人的算法论述有可能不够专业、不够严谨，理论证明缺乏系统性，希望有兴趣的读者能够加以完善。

作者：钱敬平
邮箱：qjpseu@seu.edu.cn
2020.6

第二篇 最佳剖分算法软件使用指南

第三篇 最佳剖分算法源程序

第一篇　理论研究

——准实时的线性时间简单多边形凹凸环剖分算法

本书介绍一种新的剖分形式,它是实现简单多边形准实时的在线的线性时间剖分的必要形式,这种剖分由凸环和/或凹环组成。与传统的三角化、梯形部分或凸剖分不同的是,新形剖分将多边形内外两侧的凹凸环一并考虑而非仅考虑内侧。文中还介绍了一种增强型的半边数据结构,它可以将交叠的几何数据以子区域的形式保存。借助于可替代环的引入,某些可能引起大量重复运算的顶点,被以常数时间插入到由 6 个三角形所表征的子区域之内,因此,本书的凹凸环剖分算法得以在线性时间内实现,最后,再以线性时间转化为三角剖分。

关键词:凸,凹,线性时间,剖分,简单多边形,三角化

1. 概述

1.1　传统剖分方法中存在的问题

简单多边形的剖分是计算机图形学、计算几何、机器人运动的基本问题。长期以来,一个开放性难题一直困扰着人们:是否存在一种比 Chazelle[1,2] 的算法简单的线性时间三角化算法,以及三角化算法可否以在线的方式实现而算法能够保持为最优[1,3-6]？在回答这些问题之前,让我们先看看传统剖分方法中存在哪些问题:

一般而言,多边形的剖分可以是三角化[1,3-7]、梯形剖分[8,9] 或者凸剖分[10-15]。这些剖分的在线算法[16] 在遇到多边形的凹段时总是不可避免地会出现大量的反复删除与重连对角线的操作,从而导致了在最坏情况下运行时间复杂度不可避免地超过 $O(N)$ 的情况。虽然伪三角化[17] 有可能避免上述的反复删除与重连对角线的操作,但是对于简单多边形的剖分而言,伪三角化过于宽泛复杂。再者,传统的剖分通常仅考虑多边形的内部,因此必须先确定哪一侧属于内侧,这就使得剖分算法必定是离线的。而对于在线算法来说,需要追踪自多边形的第一顶点至当前顶点的剖分状态,这也使得数据维护相当复杂。

本书所提出的算法虽然不能比 Chazelle 的算法更简单,却是准实时在线的:只有当剖分进入边数较多的凸环或凹环内,才有可能会导致先以 6 个三角形替代而实际环边界待顶点输入完毕延后处理的情况。

定义 1.1　设 $\mathcal{P}$ 是简单多边形,$\partial\mathcal{P}$ 是 $\mathcal{P}$ 的边界,$\mathcal{Q}_i$ 是下标为 i 的足够大菱形($i\geqslant 0$),$\partial\mathcal{Q}_i$ 是 $\mathcal{Q}_i$ 的边界;设平面上 n 个顶点 $p_1, p_2, \cdots, p_n(n\geqslant 3)$, $p_1\in\partial\mathcal{P}$ 或 $p_1\in\partial\mathcal{Q}_i$,$p_j\in\partial\mathcal{P}(2\leqslant j\leqslant n)$,$N$ 个顶点 $v_1, v_2, \cdots, v_N(N\geqslant 3)$,$v_k\in\partial\mathcal{P}(1\leqslant k\leqslant N)$,构成逆时针方向的闭合有向边序列(图中箭头 ➤ 所示)$e_1=\overrightarrow{p_1 p_2}, e_2=\overrightarrow{p_2 p_3}, \cdots, e_n=\overrightarrow{p_n p_1}$,令角度 $\theta(e_1)=\angle p_n p_1 p_2$,$\theta(e_n)=$

$\angle p_{n-1}p_np_1$，$\theta(e_j)=\angle p_{j-1}p_jp_{j+1}(1<j<n)$，以 p_1 为环顶点 $apex$，使得 $\theta(e_n)<\pi$，$\theta(e_1)<\pi$，$\theta(e_2)<\pi$，若 $\theta(e_j)<\pi(3\leqslant j<n)$，则称为凸环（图 1-1），记为 $q(p_1,\lozenge,e_1)$；若 $\theta(e_j)\geqslant\pi(3\leqslant j<n)$，则称为凹环（图 1-2、图 1-3），记为 $q(p_1,\triangleleft,e_1)$；凸环上任一顶点都可以是环顶点 $apex$，而凹环上环顶点 $apex$ 是唯一的；凸环 $\lozenge$、凹环 $\triangleleft$ 和三角形 $\triangle$ 统称为环 $q(u,v,w)$，其中 $u\in\{p_1,p_2,\cdots,p_n\}$，$v\in\{\lozenge,\triangleleft,\triangle\}$，$w\in\{e_1,e_2,\cdots,e_n\}$；对于所述环，$e_1$ 与 e_n 为侧翼边，e_2，e_3，$\cdots$，e_{n-1} 为底边；设 $ID(p_h)$ 是顶点 p_h 在 $\partial\mathscr{P}$ 中的序号 $(1\leqslant h\leqslant n)$，如图 1-1 中，$ID(p_1)=13$，$ID(p_2)=1$，$ID(p_3)=2$，$\cdots$，$ID(p_7)=12$，若 $ID(p_2)<ID(p_3)<\cdots<ID(p_n)<ID(p_1)$ 或 $ID(p_2)>ID(p_3)>\cdots>ID(p_n)>ID(p_1)$，则 e_1 是开口边（图 1-1）；若 $ID(p_1)<ID(p_2)<\cdots<ID(p_n)$ 或 $ID(p_1)>ID(p_2)>\cdots>ID(p_n)$，则 e_n 是开口边（图 1-2）；

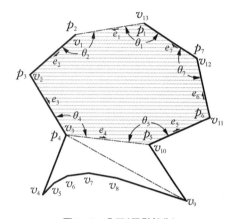

图 1-1　凸环（阴影部分）

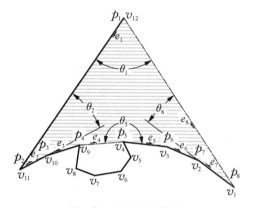

图 1-2　凹环（阴影部分）

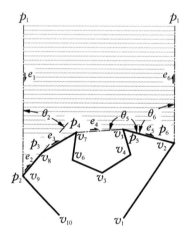

图 1-3　环顶 p_1 在无限远处的凹环

若 $ID(p_2)<ID(p_3)<\cdots<ID(p_n)$ 或 $ID(p_2)>ID(p_3)>\cdots>ID(p_n)$，则 e_1 与 e_n 都是开口边（此时 $p_1\in\partial\mathcal{Q}_i$，图 1-3）。

在几何运算时，若有向边 e_i 需要无限延长，则标记为：射线 e_i。如果无需特别指明下标，则 $\partial\mathcal{Q}_i$ 标记为：$\partial\mathcal{Q}$。

图形中关于线型的约定:粗实线——为多边形边界边,中心线---为已连接对角线,圆划线-○-为待连接对角线,虚线---为待删除对角线,三点划线-··-为外包菱形边界边,波浪线~~为虚拟连线。

1.2 在线算法概要

本书采用的在线剖分算法是:根据多边形/多段线 $\mathcal{P}$ 的第一、第二这两个顶点的方向,向外包菱形 $\mathcal{Q}_0$ 的 4 个顶点连接 6 个对角线,形成 6 个环(图 1-4),自 $\mathcal{P}$ 的第 $n←3$ 个顶点开始,进行如下处理直到输入结束(或 $\mathcal{P}$ 闭合):

(1) 确定第 n 个顶点 v_n 在 v_{n-1} 周围的那一个环 r 内;

(2) 定位由边 $e_p←\overrightarrow{v_{n-1}v_n}$ 所延伸出的射线与环 r 相交的边 e;如果环 r 是松弛环(见§1.3D)或定位步数未超过设定的阈值 $THRESHOLD$,则进行步骤(3)的处理;否则以 6 个三角形替代环 r 以建立子区域,在子区域内定位与 e_p 延伸射线相交的边 e 并进行步骤(4)的处理;

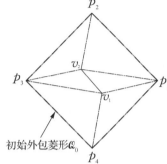

图 1-4 外包菱形

(3) 如果 e 与边 e_p 不相交,则进行步骤(4)的处理;否则删除 e,同时将 e_p 两侧的切口连接成环,令被切开的环为 r,转到步骤(2);

(4) 如果 e 的起始端与 e_p 共线,则在 v_n 周围连接成 4 个环,否则连接成 3 个环。如果顶点输入完毕,则结束在线过程。否则 $n←n+1$,转到步骤(1)。

顶点输入结束后,如果有子区域生成,则根据拓扑关系,对子区域由内(children)向外(parent)依序将子区域与主区域融合,即沿着子区域外围的被替换的环边界逆时针再进行一次剖分(仅需剖分环边界左侧)。

1.3 在线算法线性时间解决方案措施之一

A. 使用凹凸双态环避免多边形凹段的大量的反复删除与重连对角线的操作;

B. 把 $\partial\mathcal{P}$ 的两侧作为一个统一的整体来考虑,从而避免了事先确定内外侧的麻烦,也无须追踪自多边形的第一顶点至当前顶点的剖分状态,简化了数据的维护;

C. 使用双向搜索[18,19]进行环内部的定位处理;

D. 如果一个环上的边位于多边形的不同侧,或虽是同侧但是处于内侧外翻影响范围,或跨越其他子区域,或包含某些特定顶点,则该环称为松弛环,否则称为紧密环(定义2.1)。对于定位步数大于一定阈值 $THRESHOLD$ 的紧密环,使用 6 个三角形将其替代,从而把定位时间降低为常数时间。所谓内侧外翻分为左侧外翻(图 1-5)与右侧外翻(图 1-6)两种情况,左侧外翻影响范围是指多边形边界顺时针行进约一圈后再从内部逆时针行进所形成的部分环,右侧外翻影响范围是指多边形边界逆时针行进约一圈后再从内部顺时针行进所形成的部分环;所谓某些特定顶点包括多边形的第一顶点,或替代三角形上的顶点,或多边形的外包菱形上的顶点。

1.4 在线算法线性时间解决方案措施之二

可以把剖分算法分解为若干个针对每一顶点都相同的操作,若每一个操作都符合如下的条件之一,则整个算法的总的时间复杂度是线性的:

（c1）固定步数操作。若一个过程对每个顶点的处理步数都小于某一个常数,则该过程是 $O(N)$ 的;

（c2）等比递减数列操作。若一个过程对某个顶点的处理步数 $m \propto N$,而后续顶点的处理步数不超过某一等比递减数列 m, αm, $\alpha^2 m$, $\alpha^3 m$, $\cdots$, $\alpha^k m$,则该过程是 $O(N)$ 的;其中: $0 < \alpha < 1$, $k \leqslant -\log_a m$, $m \propto N$。

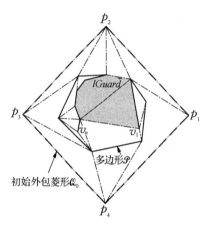

图 1-5　左侧外翻影响范围(阴影部分)

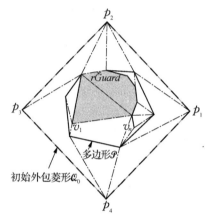

图 1-6　右侧外翻影响范围(阴影部分)

证明:

$$\text{由 } m + \alpha m + \alpha^2 m + \cdots + \alpha^k m = m\sum_{i=0}^{k}\alpha^i = \frac{m(1-\alpha^k)}{1-\alpha} < \frac{m(1-\alpha^\infty)}{1-\alpha} = \frac{m}{1-\alpha} \tag{1}$$

而在我们的算法中,α 值为 0.5,而 $k \leqslant \log_2 m$,因此 $m\sum_{i=0}^{k}\alpha^i < 2m$,即:任一顶点处的大量重复的步数,其后续的重复步数的累加小于初始值的两倍,因而这种过程也必定是 $O(N)$。

（c3）递归分解系列操作。若某一开口边 e 的一端是特定顶点的松弛环 $r_0 \in G$ 拥有 m_0 条边,边 $e_p \in \partial \mathcal{P}$ ($e_p = \overrightarrow{v_{n-1} v_n}$) 将 r_0 分解为边数分别是 m_{1u} 和 m_{1s} 的松弛环 r_{1u} 和紧密环 r_{1s} 和一个三角形(图 1-7、图 1-8),采用双向搜索需要 $2\min(m_{1u}, m_{1s})$ 步数来定位;对于后续顶点,若 e_p 进入 r_{1s},环 r_{1s} 可以被 6 个三角形替代;若 e_p 进入 r_{1u},环 r_{1u} 被递归分解为松弛环 r_{2u} 和紧密环 r_{2s} 和一个三角形,定位步数为 $2\min(m_{2u}, m_{2s})$;$\cdots$,则该过程是 $O(m_0)$ 的。

证明:在被分解出的松弛环 r_{1u} 和紧密环 r_{1s} 中,r_{1s} 为可被 6 个三角形替代的环,仅需要常数时间进行处理,而不可被三角形替代的环 r_{1u} 需 $2\min(m_{2u}, m_{2s})$ 步数进一步被 v_{n+1} 分解为松弛环 r_{2u} 和紧密环 r_{2s};如此递归,于是,总的步数为:

$$2\min(m_{1u}, m_{1s}) + 2\min(m_{2u}, m_{2s}) + 2\min(m_{3u}, m_{3s}) + \cdots \tag{2}$$

根据几何关系,$m_0 = m_{1u} + m_{1s} + 1$, $m_{1u} = m_{2u} + m_{2s} + 1$, $\cdots$, $m_{(k-1)u} = m_{ku} + m_{ks} + 1$,则 $\min(m_{1u}, m_{1s}) + m_{1u} \leqslant m_{1u} + m_{1s} = m_0 - 1$

$$\min(m_{2u},m_{2s})+m_{2u}\leqslant m_{2u}+m_{2s}=m_{1u}-1$$

$$\cdots$$

$$\min(m_{ku},m_{ks})+m_{ku}\leqslant m_{ku}+m_{ks}=m_{(k-1)u}-1$$

可知,(2)式/$2+m_{1u}+m_{2u}+m_{3u}+\cdots+m_{(k-1)u}+m_{ku}\leqslant m_0+m_{1u}+m_{2u}+m_{3u}+\cdots+m_{(k-1)u}-k$

则有(2)式/$2\leqslant m_0-m_{ku}-k<m_0$,$k$ 是环被分解的次数,$k<m_0$

即(2)式$<2m_0$

所以,总的步数是 $O(m_0)$ 的。当 $m_0\propto N$,该过程是 $O(N)$ 的。

其最坏情况是 $m_{1u}=m_{1s}=m_0/2,m_{2u}=m_{2s}=m_1/2\cdots\cdots$但仍然是 $O(N)$ 的。

若开口边 e 的两端都是特定顶点,则该松弛环将被分解成两个开口边的一端是特定顶点的松弛环。

(c4)嵌套循环操作。对于 k 个分支,各分支有 m_i 项数据($\sum\limits_{i=0}^{k}m_i\propto N,0\leqslant i<k$),则嵌套循环操作

```
for(i=0；i<k；i++) // 或等价的 while 循环
  for(j=0；j<m_i；j++) // 或等价的 while 循环
    ...
```

的运行时间复杂度是 $O(N)$ 的。

证明:略。

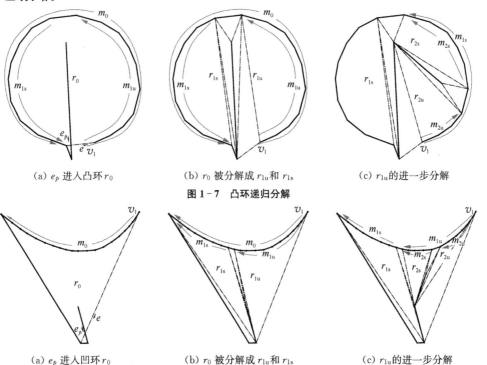

(a) e_p 进入凸环 r_0 (b) r_0 被分解成 r_{1u} 和 r_{1s} (c) r_{1u} 的进一步分解

图 1-7 凸环递归分解

(a) e_p 进入凹环 r_0 (b) r_0 被分解成 r_{1u} 和 r_{1s} (c) r_{1u} 的进一步分解

图 1-8 凹环递归分解

（ℰ5）一次性循环操作：若一个过程对某个顶点的处理步数 $m \propto N$，而后续顶点不再调用此循环，则总的复杂度是 $O(N)$ 的。

1.5 结论

对于大多数简单多边形而言，总是可以在线地以线性时间形成平展的双态环剖分（简称平展剖分）。仅当紧密环的边数大于一定的阈值 $THRESHOLD \times 2$ 且被后续的边穿过时，才可能在线地以线性时间形成折叠的双态环剖分（简称折叠剖分），并在所有顶点输入完毕后，离线地以线性时间融合为平展剖分。最后以线性时间转化为三角剖分。

2. 预备知识

2.1 数据结构

半边数据结构(the half-edge data structures[20])在平展剖分过程中是可以胜任的，但是在折叠剖分过程中，数据结构则需要一个增强型的版本，以下是本算法的 Java 语言版本的数据结构。

2.1.1 点 point

A. class **Point** {   // 点的数据结构
    private double $xy[\,]$；   // 点的坐标
    }；

B. class **HE_vert** extends **Point**{   // 半边数据顶点的数据结构
    public int ID；   // 顶点序号
    public **Region** region；   // 转轴点所属的子区域 **Region**（见 §2.1.3A）
    public **HE_edge** forth；   // $\partial \mathcal{P}$ 上或 $\partial \mathcal{Q}$ 上连接至下一个顶点的 **HE_edge** 边
    public **HE_edge** back；   // $\partial \mathcal{P}$ 上或 $\partial \mathcal{Q}$ 上连接至前一个顶点的 **HE_edge** 边
    }；

说明：对于多边形上的第 n 个顶点（$1 \leqslant n \leqslant N$），其 $v_n.\text{ID} = n$；对于外包菱形 $\mathcal{Q}_i$ 上的第 n 个顶点（$4i+1 \leqslant n \leqslant 4i+4$，$i \geqslant 0$），$p_n.\text{ID} = -n$。

2.1.2 边 edge

A. class **HE_edge** {   // 半边数据结构的边
    public bool $flag$；   // 环遍历标志
    public bool $left$；   // 左、右侧边标志
    public **HE_vert** $vert$；   // 半边的起点
    public **HE_edge** $pair$；   // 与该半边反向的另外半边
    public **HE_edge** $next$；   // 紧邻该半边的下一条半边
    public **HE_edge** $prev$；   // 紧邻该半边的前一条半边
    public **Region** $enclose[\,]$；   // 包围此边的左、右侧子区域
    }；

B. class ***Gate*** extends ***HE_edge*** {　　　　// 子区域的出入口（虚拟连接）

　　};

C. class ***Chain*** {　　　　　　　　　　// 一系列半边所构成的链

　　public ***HE_edge*** *head*；　　　　　　// 链的起始边（包含在链内）

　　public ***HE_edge*** *tail*；　　　　　　// 链的终止边（不包含在链内）

　　public ***HE_edge*** *ex*；　　　　　　　// 用于判定是否为内侧外翻的附加边

　　};

2.1.3　场所 site

A. class ***Region*** {　　　　　　　　　// 可折叠环所形成的子区域的数据结构

　　private ***Region*** *linked*；　　　　　// 嵌套调用相关联子区域

　　private boolean *locked*；　　　　　　// 融合过程启动标志

　　private boolean *isDiag*；　　// 检测 *gate.pair.prev* 是否为对角线（防止反复检测）

　　private ***HE_edge*** *cross*；　　　　　// 子区域融合过程中嵌套调用探测边位置

　　private ***HE_edge*** *toP*1；

　　　　　　　　　　　// 子区域融合过程中至 $pivot_1$ 的凹链延续边（防止反复运算）

　　private ***HE_edge*** *P*1；

　　　　　　　　　// 用于检测 *gate.pair.prev* 是否为对角线（防止反复检测）的边

　　private ***HE_edge*** *p*1*p*；

　　　　　　　　　// 用于检测 $p_1.prev$ 是否与 $p_1.next$ 相交（防止反复检测）的边

　　private ***HE_edge*** *lp*1, *lp*2；　　　// 前一次未被删除的探测边

　　private ***HE_edge*** *shield*；　　　　// 顶点在线插入过程中出现的出入口挡板

　　HE_edge *quad*；　　　　　　　　// 子区域的外包菱形的第一条边

　　HE_edge[][] *guard*；　　　　　　// 子区域的左、右侧外翻警戒线起、止边

　　Region *parent*；　　　　　　　　// 包含此子区域的子区域

　　LinkedList<***Region***>*children*；　　// 被此子区域所包含的子区域

　　int *minID*；　　　　　　　　　　　// 出入口端点 ID 较小值

　　public ***HE_vert*** *pivot*[]；　　　　// 出入口端点（转轴点）

　　public ***Gate*** *gate*；　　　　　　　// 子区域出入口（虚拟连接）

　　};

B. class ***Partition***{　　　　　　　　// 剖分（根区域）数据结构

　　static private int *maxLevel*；　　　// 穿越嵌套子区域层数限制（若超过则先融合）

　　static private int *sID*；　　　　　　// 外包菱形顶点的 *super ID*

　　static private int *size*；　　　　　// 被融合的子区域个数

　　static private int *forward*[]；　　　// 左、右侧外翻警戒线被切割时的推进数

　　static public boolean *online*；　　　// 在线标志

　　static public int *THRESHOLD*；　　　// 半边搜索次数阈值

　　static public ***HE_edge***[][] *guard*；　　// 当前左、右侧外翻警戒线起、止边

static public **Region** *lastRegion*［］；   // 左、右两侧最后子区域

private **HE_edge** *quad*；   // 根区域的外包菱形的第一条边

private **HE_edge**［］［］ *guard*0；   // 根区域左、右侧外翻警戒线起、止边

private **ArrayList**＜**HE_edge**＞*residue*； // 残留边链表

private **HE_vert** *Vn*；   // 多边形 $\mathcal{P}$ 的当前顶点

private **Region** *lRegion*；   // 内侧外翻子区域

private **ArrayList**＜**LinkedList**＜**Region**＞＞*lChildren*；

      // 根区域所包含的左、右侧子区域列表

public int *N*；   // 当前插入顶点数

public double *perimeter*；   // 剖分外围周长

public **HE_vert** *V1*；   // 多边形 $\mathcal{P}$ 的第 1 个顶点

public **HE_vert** *Vl*；   // 多边形 $\mathcal{P}$ 当前顶点的上一个顶点

};

2.1.4　输入输出 io（略……）

2.1.5　主程序 main

A. class **PartitionAp**｛   // 主程序入口

};

B. class **PartitionPanel** extends **Jpanel** implements **ActionListener**，**MouseListener**，**MouseWheelListener**，**MouseMotionListener**，**KeyListener**｛//图形面板控制类

static **ArrayList**＜**Partition**＞*lPartitions*；   // 一个数据文件中所包含的多个多边形/多段线的列表

      //其他的关于图形面板的控制数据

};

2.2　基本定义

定义 2.1　若一条对角线与其反向边（*pair*）位于多边形同一侧，则称为单侧边。若一个位于左侧、另一个位于右侧，或一个位于多边形上而另一个位于外包菱形上，或有一个位于 v_1 或当前顶点 v_n，则称为混合边。由单侧边及多边形边界边围合成的不在内侧外翻影响范围内的环是紧密环，否则为松弛环（图 1-9）。

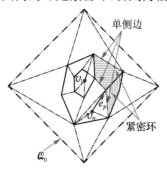
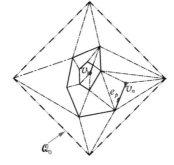

(a) 三条单侧边两个紧密环   (b) 没有单侧边   (c) 两条单侧边两个紧密环

图 1-9　单侧边、混合边及紧密环、松弛环

定义 2.2　对于紧密环(环 r 上的所有边都位于 $\partial \mathcal{P}$ 的同一侧的情况),若顶点 $v_n \in \partial \mathcal{P}$ 通过该环的开口边 $e_d \in \mathcal{D}$(对角线)进入该环(图 1 - 10(a)),$\mathcal{P}$ 必定还会从 e_d 边退出该环(图 1 - 10(b))。而环内的剖分可以分为两部分,一是不受环的边界边影响的核心部分,二是受影响的外围部分(图 1 - 10(c))。当顶点 v_n 在环内的定位步数超过给定的阈值 $THRESHOLD$ 时,该环可以被 6 个三角形替代以缩短定位操作至常数时间,一旦在线剖分结束后,仅需将外围部分与环的边界边融合,将替代三角形恢复为原先的环 r,则可以得到正确的剖分。这样的环也称为可替代环;否则是松弛环,也称为不可替代环。这 6 个三角形形成了新的 **Region** -子区域,开口边 e_d 被删除,将被虚拟连接 $gate$ 所取代,$gate$ 的起点与终点分别为转轴点 $pivot_0$ 和 $pivot_1$。

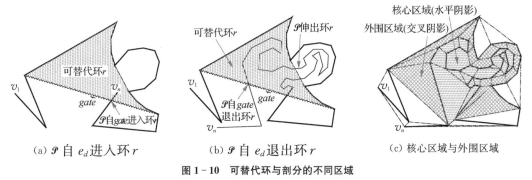

(a) $\mathcal{P}$ 自 e_d 进入环 r　　　(b) $\mathcal{P}$ 自 e_d 退出环 r　　　(c) 核心区域与外围区域

图 1 - 10　可替代环与剖分的不同区域

说明: 多边形的外包菱形 $\mathcal{Q}_i (i \geqslant 0)$ 的顶点分别为 $p_1(u,0)$, $p_2(0,u)$, $p_3(-u,0)$ 和 $p_4(0,-u)$,其中,$w<u<\infty$,w 是 $\mathcal{P}$ 的最小外包菱形的一个顶点的坐标值。为了图示方便,我们选定 u 为 (w,∞) 之间的某一有限的值,但在程序实现时,我们取 u 为 ∞ 以避免计算最小外包菱形的顶点坐标值。当 $\mathcal{P}$ 进入可替代环 r 时(图 1 - 10(a)、图 1 - 11(a)、图 1 - 12(a)),转轴点 $pivot_0$ 和 $pivot_1$ 各自连接到外包菱形上靠近的 3 个顶点,形成 6 个替代三角形所构成的子区域 **Region**(图 1 - 11(b)、图 1 - 12(b)),其出入口 $gate$ 将后续的剖分划分为 **Region** 外(初始区域,图 1 - 12(a))与 **Region** 内(图 1 - 13)两个部分;**Region** 的初始边界在 r 上,但是,$\mathcal{P}$ 的后续边有可能穿过某一对角线伸出该环(图 1 - 10(b));可以把 **Region** 想象成位于初始区域之上方的图形(图 1 - 14)。

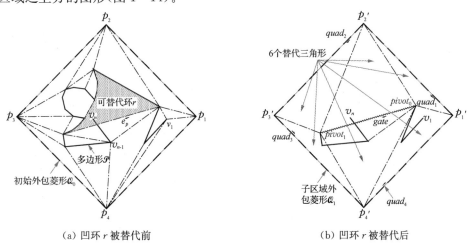

(a) 凹环 r 被替代前　　　　　　　　(b) 凹环 r 被替代后

图 1 - 11　凹环 r 被替代前后的不同状态

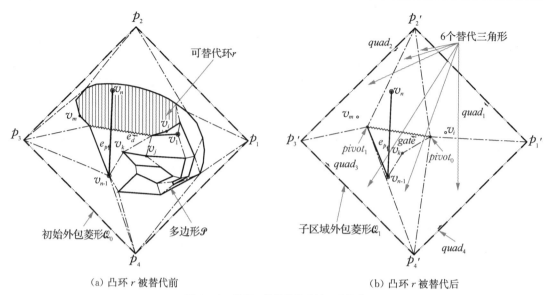

（a）凸环 r 被替代前　　　　　　　　（b）凸环 r 被替代后

图 1‑12　凸环 r 被替代前后的不同状态

　　观察右端转轴点 $pivot_0$，我们可以将剖分自外部（图 1‑15(a)）至内部（图 1‑15(b)）在拓扑几何上合为一体（图 1‑15(c)），但在平面几何上它们有交叠的部分。其周围顶点的数据被以嵌入方式记录：以 $gate$ 逆时针方向的第一个邻近顶点 v_k 为左边界，$pivot_1$ 为右边界，将子区域内部的邻近顶点按顺时针的顺序逐一嵌入到左边界与右边界之间，于是当 v_n 点插入后 $pivot_0$ 周围按顺时针排列的临近点依次为 $v_1, v_j, v_k, v_n, p_2', p_1', p_4', pivot_1, v_i$（图 1‑15(d)）。同理，$pivot_1$ 周围也以嵌入方式记录：以 $pivot_0$ 为左边界，$gate$ 顺时针方向的第一个邻近顶点 v_{n-1} 为右边界，将子区域内部的邻近顶点按顺时针的顺序逐一嵌入到左边界与右边界之间，于是按顺时针排列的临近点依次为 $v_m, pivot_0, p_4', p_3', p_2', v_n, v_{n-1}, p_3$。

　　定义 2.3　若自边 e_h 至边 e_t 可以构成连续的边序列且符合下列 5 项条件之一则称为链段，记作 $\rho(e_h, e_t)$。

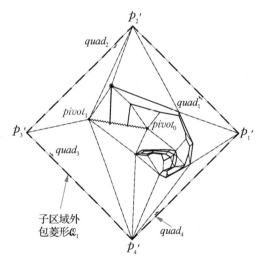

图 1‑13　子区域 _Region_ 之内的剖分

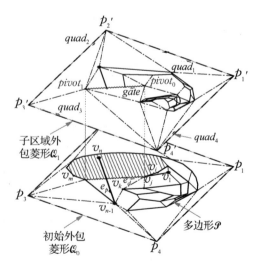

图 1‑14　把子区域 _Region_ 想象成置于初始区域之上方

$$\rho(e_h, e_t) \text{是一个} \begin{cases} \text{单边链段：如果}(e_h.next = e_t)\text{（图 1-16(a)）；} \\ \text{纯凸链段：如果}\{[\theta(e_h.next) < \pi] \land [\theta(e_t.prev) < \pi]\}\text{（图 1-16(b)）；} \\ \text{纯凹链段：如果}\{[\theta(e_h.next) \geq \pi] \land [\theta(e_t.prev) \geq \pi]\}\text{（图 1-16(c)）；} \\ \text{尾凹链段：如果}\{[\theta(e_h.next) < \pi] \land [\theta(e_t.prev) \geq \pi]\}\text{（图 1-16(d)）；} \\ \text{首凹链段：如果}\{[\theta(e_h.next) \geq \pi] \land [\theta(e_t.prev) < \pi]\}\text{（图 1-16(e)）。} \end{cases}$$

说明：尽管上述条件没有限定链段中部的角度，但由于链段都是取自环，而环的形状仅有凸环、凹环与三角形，所以链段中部的角度将会自然满足上述条件。

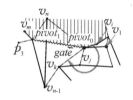
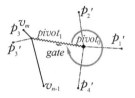

(a) **Region** 外部 $pivot_0$ 周边顶点   (b) **Region** 内部 $pivot_0$ 周边顶点

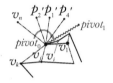
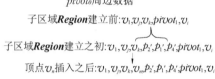

(c) $pivot_0$ 在拓扑几何上的等价

$pivot_0$ 周边数据

子区域**Region**建立前：$v_1, v_j, v_k, pivot_1, v_i$

子区域**Region**建立之初：$v_1, v_j, v_k, p_2', p_1', p_4', pivot_1, v_i$

顶点 v_m 插入之后：$v_1, v_j, v_k, v_m, p_2', p_1', p_4', pivot_1, v_i$

(d) $pivot_0$ 周边顶点的构建过程

图 1-15 转轴点 $pivot_0$ 的数据构成

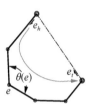

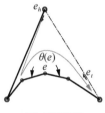
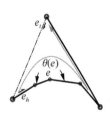

(a) 单边链段   (b) 纯凸链段   (c) 纯凹链段   (d) 尾凹链段   (e) 首凹链段

图 1-16 五种类型的链段

2.3 理论基础

定理 2.1 在本书的在线算法中，多边形 $\mathcal{P}$ 的当前顶点 v_n 周围总可以形成 3 个或 4 个环。

证明：首先看顶点 v_n 位于凸环 r 内部的情况，设 e_{F0} 为 r 上位于 e_p 前方的边，分别自 v_n 经 $e_{F0}.vert$ 至 v_{n-1} 和自 v_n 经 $e_{F0}.next.vert$ 至 v_{n-1} 连接成对角线（图 1-17(a)），则 v_n 周围有 3 个环。

对于顶点 v_n 位于凹环 r 内部的情况，则 e_p 的正前方总有一条边 e_{F0}，若 v_n 位于 $e_{F0}.prev$ 的左侧（图 1-17(b)、图 1-17(c)），则可以直接自 v_n 至 $e_{F0}.vert$ 连接成对角线，否则自 v_n 至 e_p 右侧链段上的准切点 p_{qt} 并自 p_{qt} 至 $e_{F0}.next.vert$ 连接成 2 条对角线（图 1-17(d)），于是，e_p 正前方必有一个三角形，左右两侧各有一环，共 3 个环。

当 e_p 与 r 上的某一顶点共线时，设 $e_c.vert$ 为所述的共线顶点，e_r 为与 e_p 共线的对角线，则 e_r. remove() 是 e_r 删除后返回的 e_r 顺时针的邻边；若 v_n 位于 e_r. remove(). $next$ 的左侧，则可以直接自 v_n 至 e_r. remove(). $next.vert$ 连接成对角线（图 1−17(e)），否则自 v_n 至 e_c. $prev.vert$ 连接成对角线（图 1−17(f)，e_r 被删除前，e_c. $prev$ 是 e_r，e_r 被删除后，e_c. $prev$ 则是图示位置）；e_p 的左侧参照右侧同样处理；最后自 v_n 至 e_c. $vert$ 连接成对角线；共有 4 个环围绕 v_n。

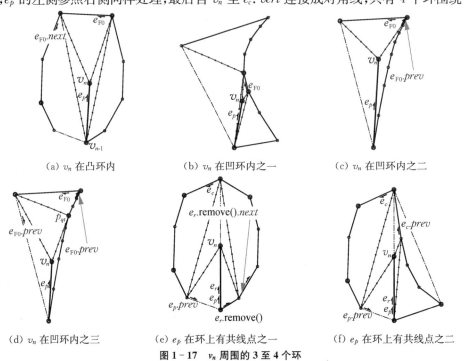

（a）v_n 在凸环内   （b）v_n 在凹环内之一   （c）v_n 在凹环内之二

（d）v_n 在凹环内之三   （e）e_p 在环上有共线点之一   （f）e_p 在环上有共线点之二

图 1−17　v_n 周围的 3 至 4 个环

定理 2.2　设 $\mathcal{E}$ 是 $m+1$ 条边的链表，保存了 m 条与多边形 $\mathcal{P}$ 的边 $e_p = \overrightarrow{v_{n-1}v_n}$ 相交的对角线和一条位于 e_p 前方的边，则当 $\mathcal{E}$ 中所有与 e_p 相交的对角线被删除后，自 e_p 的任一侧重新连接至 v_{n-1} 的对角线的数量总可以小于或等于 $m/2+1$ 个。

证明：情形 A，链表 $\mathcal{E}$ 中所有边都源自 e_p 左侧的一个顶点 v_d（图 1−18(a)），则在 e_p 右侧，对于 $e_i \in \mathcal{E}(1 \leqslant i \leqslant m)$，令 $e_h \leftarrow e$. $pair.next$，$e_m \leftarrow e_i$. $pair.next$，$e_t \leftarrow e_{i+1}$，删除 e_i（图 1−18(b)），并自 e_h 经 e_m 至 e_t 合并链段（图 1−18(c)、图 1−18(d)）；对于第奇数条对角线 e_i 删除后所连接成的对角线 e_j（图 1−18(e)），令 $e_h \leftarrow e_j$. $pair.next$，$e_m \leftarrow e_j$. $next$，$e_t \leftarrow e_j$. $prev$，删除 e_j，并自 e_h 经 e_m 至 e_t 合并链段（图 1−19(a)、图 1−19(b)、图 1−19(c)）。因此，重新汇聚于 e_p 右侧的对角线数量不超过 $int(m/2)+1$ 个，这些是潜在的与后续的 e_p 相交而影响运行时间复杂度的对角线。

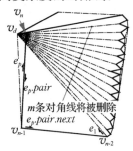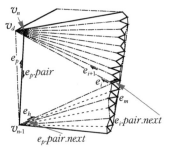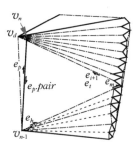

（a）汇聚于 e_p 左侧的点 v_d （b）待处理的对角线 e_i （c）e_i 被删除链段待合并

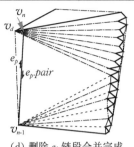 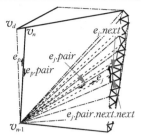

(d) 删除 e_i 链段合并完成　　　　　(e) 第奇数条对角线 e_j

图 1-18　m 条对角线汇聚于 e_p 左侧一点 v_d

情形 B,链表 $\mathcal{E}$ 中所有边都源自 e_p 右侧的一个顶点 v_u(图 1-20(a)),则在 e_p 左侧,对于 $e_i \in \mathcal{E}(1 \leqslant i \leqslant m)$,参照情形 A 进行处理,结果见图 1-20(b)。汇聚于 e_p 左侧的对角线数量同样不超过 $\mathrm{int}(m/2)+1$ 个。

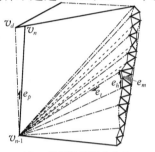 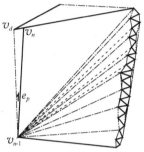 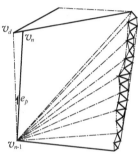

(a) e_j 被删除链段待合并　　　(b) 删除 e_j 链段合并完成　　　(c) 删除所有奇数对角线

图 1-19　第奇数条对角线被删除

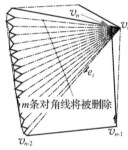 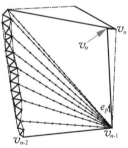

(a) 汇聚于 e_p 右侧的点 v_u　　　　　(b) 处理完毕

图 1-20　m 条对角线汇聚于 e_p 右侧一点 v_u

情形 C,$\mathcal{E}$ 中的边分布于 e_p 的两侧(图 1-21(a)),交替按照情形 A、情形 B 进行处理;汇聚于 e_p 任何一侧的对角线数量都不超过 $\mathrm{int}(m/2)+1$(图 1-21(b))。

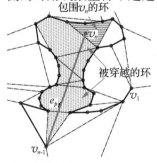 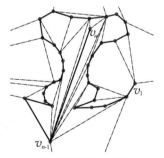

(a) 被穿越的环与包围 v_n 的环　　　　　(b) 对角线切割完成

图 1-21　与 e_p 相交的对角线分布与 e_p 两侧

在进行链段合并时，在两个纯凹链段之间连接生成的对角线（图 1-22(a)、图 1-22(b)）并不影响删除对角线的运行时间复杂度。因为，一旦这些对角线再次与后续的 e_p 相交而被删除，在 e_p 的两侧都会形成凹环（图 1-23）而不会产生数量众多的对角线，必将导致总的对角线切割运行时间复杂度为 $O(N)$。

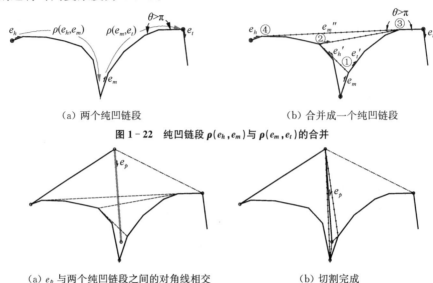

(a) 两个纯凹链段　　　　　　　　　　　　(b) 合并成一个纯凹链段

图 1-22　纯凹链段 $\rho(e_h, e_m)$ 与 $\rho(e_m, e_t)$ 的合并

(a) e_p 与两个纯凹链段之间的对角线相交　　　　　(b) 切割完成

图 1-23　两个纯凹链段之间的对角线被切割

定理 2.3　任何一个边数较大的松弛环都可以经过最多两次穿越后变为紧密环或分解为 2 个边数较小的环（其中一个是紧密环，另一个是松弛环）和若干个三角形。

证明：松弛环分为两类，第一类是由于多边形的环绕。在在线算法中，$e_p \in \partial \mathcal{P}$ 的行迹呈现两种状态：一种是在多边形内部穿行，其两侧的环皆在多边形上（图 1-9(a)）；另一种是环绕现有的多边形，e_p 的某一侧环在外包菱形上（图 1-9(b)、图 1-9(c)）。对于环绕的情况，若 e_p 两侧的环皆为混合边（图 1-9(b)，图 1-24(a)，图 1-24(b)），则 e_p 维持环绕状态；当 e_p 第一次穿越松弛环 r 后，形成了新的松弛环 r'，因为构成环 r' 的边分别位于多边形 $\mathcal{P}$ 的左右两侧；当 e_p 转为内部穿行穿越松弛环 r' 后，就形成了新的紧密环 r''（图 1-24(c)），因为构成环 r'' 的边皆位于多边形 $\mathcal{P}$ 的右侧（对于凹环，内侧外翻影响范围仅考察底边而忽略侧翼边）。

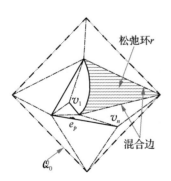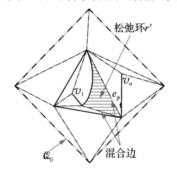

(a) 多边形环绕产生的松弛环　　(b) 第一次穿越后仍为松弛环　　(c) 第二次穿越后变为紧密环

图 1-24　多边形环绕转为内部穿行

另一类松弛环是由于顶点位于特定顶点,如转轴点 $pivot_0$ 或 $pivot_1$,第一顶点 v_1 等。根据($C3$)递归分解系列操作,可以分解为一个松弛环、一个紧密环和若干个三角形,其最坏情况是松弛环的边数减半。

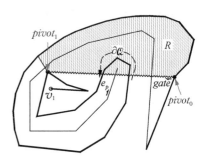

图 1-25　若 e_p 穿越 gate 则 ∂p 也会穿越

推理 2.1　子区域 R 内部顺时针环绕 $pivot_0$ 或逆时针环绕 $pivot_1$ 的任何边不可能穿越 gate。

证明: 由于 R 是建立在可替代环的基础之上,而可替代环位于 $\partial \mathcal{P}$ 的某一侧,假定 $\mathcal{P}$ 的后续边 $e_i \in \partial \mathcal{P}$ 在 R 内部可以再次穿越 gate,则必有包围 e_i 的边片段 $\partial p \subset \partial \mathcal{P}$ 也穿越 gate(图 1-25);而 ∂p 是在 R 形成之前完成剖分的,如果它经过 gate 处,则会将 gate 分割为若干段,因而 R 不存在,与初始条件相冲突。

推理 2.2　当在线的剖分操作产生子区域后,可以离线地以线性时间将其与根区域融合。

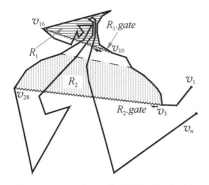

图 1-26　R_1 在 R_2 的边界上（C_i 省略）

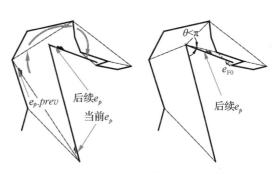

图 1-27　定向并定位 e_{F0}（C_i 省略）

证明: 若子区域链表 $lChildren. get(0) \neq \varnothing$ 或 $lChildren. get(1) \neq \varnothing$,则需将各子区域离线地进行融合,即沿着子区域外围的被替换的环边界逆时针再进行一次剖分。在进行融合操作时需要根据拓扑关系,对子区域由内向外融合。尽管各子区域在拓扑意义上是相互独立的,但从平面几何意义上说,一个子区域 R_1 有可能在另一个子区域 R_2 的边界上(图 1-26),如果在融合过程中先对 R_2 进行处理,则会在融合 R_2 边界时遭遇到 R_1,这有可能导致融合错误,因此必须先融合 R_1,后融合 R_2。从图上可知,内部子区域 R_1 出入口两个转轴点的 ID 值较小者 $\min(10,16)$ 必定大于外部子区域 R_2 出入口两个转轴点的 ID 值较小者 $\min(3,28)$,R_1 是 R_2 的一个 $children$ 元素,R_2 是 R_1 的 $parent$。当然,转轴点的 ID 数值较大者也有可能在外部子区域之外,这种情况下,子区域之间没有包含关系,互不干涉。于是,我们可以递归地先融合 $children$ 子

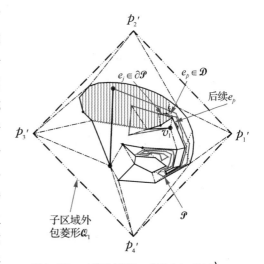

图 1-28　e_p 是对角线 $(e_p \in \mathcal{D}) \wedge (e_j \in \partial \mathcal{P})$

区域,然后融合其外部的 *parent* 子区域。对所融合的子区域 R_i:

自子区域 R_i 的第一转轴点 $pivot_0$ 至第二转轴点 $pivot_1$,沿着被替代的环的边界进行重新剖分,此时,环的右侧(环的外侧)已剖分完毕,仅考虑环的左侧的剖分;子区域 R_i 的第一条 e_p 边需要通过定向以确定其位于子区域中 $pivot_0$ 点周围的哪个环。

后续的边 $e_p \leftarrow e_p.next$ 定向与初始定位合并为一项操作,即顺时针旋转平面扫描。自 e_p 向其 *prev* 边搜索并修正成环,直到找到与 e_p 所形成的射线相交的边 e_{F0}(图 1-27)。

对角线删除与在线的程序也有所不同。若 $(e_p \in \mathcal{D}) \wedge (e_j.vert \in \partial \mathcal{P}) \wedge (e_j.next.vert \in \partial \mathcal{P})$(图 1-28),则令 $e_p \leftarrow e_p.pair.next$,并删除原先的 e_p;否则为 $(e_p \in \partial \mathcal{P}) \vee (e_j.vert \in \partial \mathcal{Q}) \vee (e_j.next.vert \in \partial \mathcal{Q})$,需删除 e_{F0} 并进行链段修正。

区域融合的复杂度受到参与运算的边数影响,包括 $pivot_0$ 点周围环的数量、子区域内部的剖分与包围该剖分的边界数量,这些数量和是小于总的边数,因此是 $O(N)$ 的。

3. 算法实现

3.1 图形面板控制类 *PartitionPanel* 的函数

对于记录多边形/多段线顶点坐标的数据文件,使用 *PartitionPanel* 类的函数 online()
和 offline()处理。

3.1.1 private void online() {   // 在线处理

Partition.online ← *true*; //设置在线标志

data ← new *DataFile*(*fileName*); // 首先打开文本数据文件

do {   // 对每一条多边形/多段线进行循环

　　while(((v_1 ← *data*.get(1)) = *HE_vert.vtBase*); // 逐行读入数据直到输入为有效顶点坐标(x, y)

　　if(v_1 = ø)// 若文件结束输入为空,则在线循环结束

　　　break;

　　v_2 ← *data*.get(2);

　　lPartitions.add(*part* ← new *Partition*(v_1, v_2)); // (§3.2.1)向剖分列表中加入一个新的剖分

　　while(*part*.add(v_n ← *data*.get(*part.N*))); // 向该新的剖分中逐一添加顶点,直到
part.add(v_n)(§3.2.2)的返回值非真,一条多边形/多段线剖分结束

　　}while (v_n = *HE_vert.vtBase* $\vee$ *data*.get(0) = *HE_vert.vtBase*);// 若 v_n 或下一行是
空白行则继续 do 循环

data.close(); // 关闭数据文件

}

3.1.2 private void offline() {   //离线处理

Partition.online ← *false*; // 清除在线标志

$i \leftarrow lPartitions.\ size()$；

for $(j \leftarrow 0;\ j < i;\ j++)\ \{$　　// 对每一条多边形/多段线进行循环

　　$part \leftarrow lPartitions.\ get(j)$；

　　$part.\ offline()$；// §3.2.8

$\}$

$\}$

3.2　剖分类 *Partition* 的函数

3.2.1　public Partition(v_1，v_2) {　　//构造函数

$sID \leftarrow 0$；

$guard \leftarrow guard_0$；

$forward_0 \leftarrow forward_1 \leftarrow 0$；

$lastRegion_0 \leftarrow lastRegion_1 \leftarrow \emptyset$；

$lChildren.\ add(new\ LinkedList<\textbf{Region}>())$；

$lChildren.\ add(new\ LinkedList<\textbf{Region}>())$；

$Vl \leftarrow V1 \leftarrow v_1$；

$e \leftarrow Vl.\ addBorder(Vn \leftarrow v_2)$；//根据 $\mathscr{P}$ 的第一顶点 v_1、第二顶点 v_2 构造第一条边

$quad \leftarrow init(e.\ link(e.\ pair.\ link(e)))$；// （§3.2.3)构造一个顶点坐标分别为$(\infty,0)$，$(0,\infty)$，$(-\infty,0)$，$(0,-\infty)$ 的外包菱形 $\mathscr{Q}_0$(程序实现是以负的 ID 值，即 ID$\leftarrow -1,-2$，$-3,-4$ 和 4 个单位坐标$(1,0)$，$(0,1)$，$(-1,0)$，$(0,-1)$构成的顶点所代表)，向外包菱形的四个顶点连接 6 条对角线，形成 6 个环(图 1-4)

$\}$

3.2.2　public boolean add(v) {　　//逐点插入多边形或多段线顶点 v 的函数，以下是输入处理

if $(v = \emptyset \lor v_n = HE\_vert.\ vtBase)\ \{$

　$Vl \leftarrow Vn$；

　return *false*；// 返回 *false*，单条多段线在线剖分结束

$\}$

if(Vn 与 v 重合){

　System.\ out.\ print("\n顶点重合!")；

　return *true*；// 无效输入，返回 *true* 以重新输入

$\}$

if($v.\ along(Vn,Vl)$)　　// 若 v 在射线$\overrightarrow{v_{n-1}v_{n-2}}$上，则

　throw new RuntimeException ("顶点与最后一条边重合!")；

$Vl \leftarrow Vn$；//$Vl = v_{n-1}$

$Vn \leftarrow (v_1$ 与 v 重合)? $v_1 : v$；// $Vn = v_n$；

$e_r \leftarrow Vn.\text{orientateCW}(Vl.back)$；// 定向处理,对 v_{n-1} 顶点周围的环(3～4 个)进行循环,确定 v_n 环绕 v_{n-1} 的方位(图 1-29),由此获得 v_{n-1} 周围被有向边 $\overrightarrow{v_{n-1}v_n}$ 所穿越的环 r 位于 $\overrightarrow{v_{n-1}v_n}$ 右侧的边

$e_c \leftarrow e_r.\text{next}$；

if($v_n \neq v_1$)

    $N++$；

else if($e_c.vert = v_1$) {// $v_1 = Vn$ 顶点重合,且边已闭合、结束在线剖分

    $Vl.\text{border}(e_r)$；// 连接 v_{n-1} 与 v_1

    $Vl.\text{setSide}()$；//设置 v_{n-1} 点周围各边的左右侧标志

    return $false$；// 结束单条多边形/多段线在线剖分,即返回 $false$。

  }

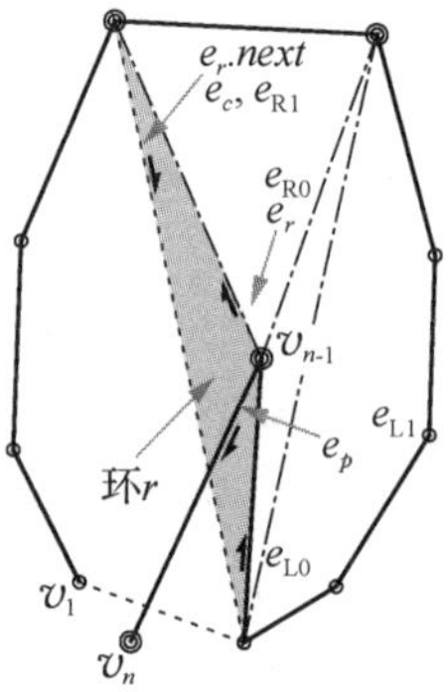

$e_p \leftarrow Vl.\text{addBorder}(Vn)$；// 连接 v_{n-1} 与 v_n,以 $e_p \leftarrow \overrightarrow{v_{n-1}v_n}$ 为探测边

图 1-29　定向处理

    $e_p.\text{link}(e_p.pair.\text{inserTo}(e_r))$；// 记录邻边关系

    $Vl.\text{setSide}()$；// 设置 v_{n-1} 点周围各边的左右侧标志

    $e_p.\text{setEnclose}(e_r.\text{enclose})$；

    $lThrough \leftarrow \text{new } ArrayList<ArrayList<\textbf{Region}>>()$；// 建立左右侧穿越多层嵌套子区域列表的列表

    $lThrough.\text{add}(\text{new } ArrayList<\textbf{Region}>())$；// 建立左侧穿越多层嵌套子区域的列表

    $lThrough.\text{add}(\text{new } ArrayList<\textbf{Region}>())$；// 建立右侧穿越多层嵌套子区域的列表

    for($i \leftarrow 0$；$i < 2$；$i++$)

      for($l \leftarrow lThrough.\text{get}(i)$；$(r \leftarrow lastRegion_i) \neq \varnothing$；){

        if($r.\text{isOut}(e_p)$){// §3.5.22, e_p 穿越 $r.gate$ 至 r 子区域之外

          $l.\text{add}(r)$；

          $lastRegion_i \leftarrow r.parent$；

          $r.\text{setShield}(e_p)$；

        }else{

          $e_p.pair.\text{setEnclose}(r)$；

          break；

        }

      }

    $e \leftarrow Vl.back.\text{CW}()$；// 设立左侧外翻警戒线

    if($e.pair.vert \in \partial \mathbb{Q}_i \vee e \neq Vl.forth \wedge (e \leftarrow e.\text{CW}()).pair.vert \in \partial \mathbb{Q}_i$

$\lor e \neq Vl. forth \land (e \leftarrow e. CW()). pair. vert \in \partial \mathcal{Q}_i)\{// 图 1-30, 图中分别以 e, e', e''$
表示前后不同的 e。余同。

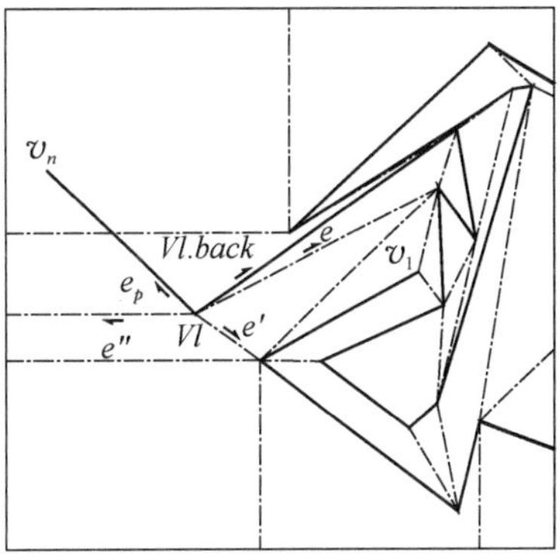

    if$(guard_{0,0} = \emptyset)$

      $guard_{0,0} \leftarrow e;$

    $guard_{0,1} \leftarrow e. pair;$

    if$((e \leftarrow e. CW()). pair. vert \in \partial \mathcal{Q}_i)\{$

      $guard_{0,1} \leftarrow e. pair;$

      if$((e \leftarrow e. CW()). pair. vert \in \partial \mathcal{Q}_i)$

        $guard_{0,1} \leftarrow e. pair;$

      }

    }

图 1-30　设立左侧外翻警戒线

$e \leftarrow Vl. back. CCW();$

…// 设立右侧外翻警戒线略

$cutL \leftarrow cutR \leftarrow false;$// 清除左右侧切割内侧外翻警戒线的标志

if$(e_r = Vl. back \lor e_r. onLeft(Vn))$ {// 若 e_p 与 e_r 不重合

    $e_R[] \leftarrow \{e_r, mendChain(e_c, e_p. prev)\};$ // (图 1-29)右侧起始边与右前方边

    $e_L[] \leftarrow \{e_p. prev, e_p\};$ // 左前方边与左侧终止边

    $v_R \leftarrow e_{R1}. vert;$ // e_p 右侧减半合并起始顶点

    $v_L \leftarrow e_{L0}. vert;$ // e_p 左侧减半合并起始顶点

    while $(true)$ {// 对所有被切割边,进行如下循环,直到没有被切割边

      $e_F[] \leftarrow new\ Chain(e_{R1}, e_{L0}). locate(e_p);$ // 定位处理(§3.3.1)双向搜索链段
$\rho(e_{R1}, e_{L0})$ 上与射线 e_p 相交的边,如果 $\rho(e_{R1}, e_{L0})$ 是松弛环上的链段,则令定位搜索步数
$counter \leftarrow Integer. MAX\_VALUE$,否则令 $counter \leftarrow THRESHOLD$

      if$(e_{F0} = \emptyset)\{$// 搜索步数超过 $counter$,生成可替代环 r

      $i \leftarrow [r \leftarrow new\ Region(e_R, e_L, e_{F1})]. gate. left? 0:1;$ //(§3.5.1)建立新的子区域

      setGuard$(r, e_p);$// (§3.2.15)

      $ll \leftarrow lastRegion_i = \emptyset ? lChildren. get(i) : lastRegion_i. children;$

      for$(iter \leftarrow ll. iterator(); iter. hasNext();)\{$ // 符合($\mathcal{C}$4)嵌套循环操作

        $r1 \leftarrow iter. next();$

        if$(r. minID < r1. minID)\{$

          $iter. remove();$

          $r1. setParentLast(r);$ // (§3.5.26)

        }else

          break;

      }

      $r. setParentFirst(lastRegion_i, ll);$ // (§3.5.25)

      $e_p. pair. setEnclose(lastRegion_i \leftarrow r);$

continue; // 重新 while 循环进行定位处理(将在新的子区域 r 中进行)

}

if(e_{F0} instanceof $Gate \bigwedge (e_p \bigcap e_{F0}) \neq \emptyset$)

　throw new RuntimeException("内侧外翻!");

$isCollinear \leftarrow e_{F0} = e_{F1}$;

if ($isCollinear$) {//顶点 $e_{F0}.vert$ 与 e_p 共线,点共线预处理

　　$e_{R0} \leftarrow e_{R0}.next$; // e_p 右侧留出一条边,避免链段合并时新连接的对角线与 e_p 重合

　　$e_{L1} \leftarrow e_{L1}.prev$; // e_p 左侧留出一条边,避免链段合并时新连接的对角线与 e_p 重合

}

if($e_{F0} \neq e_{R1}$) {//两侧翻卷成环:对于 e_p 右侧(图 1-31(a))

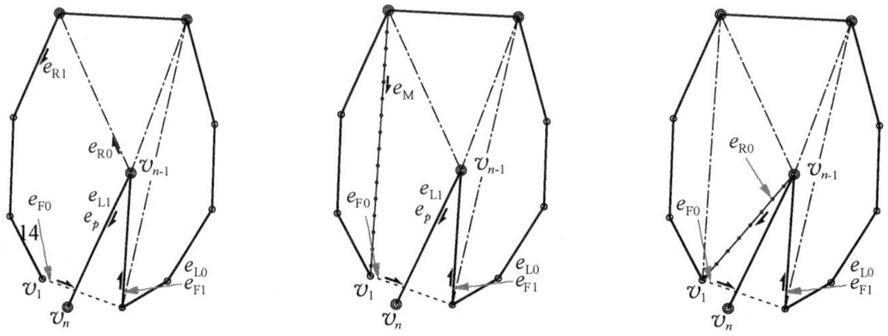

(a) $e_{F0} \neq e_{R1}$　　　　(b) mendChain　　　　(c) mergeChains

图 1-31　e_p 右侧翻卷成环

　　$b \leftarrow e_{R1} = guard_{0,1} \bigvee (e \leftarrow e_{R1}.next) = guard_{0,1} \bigwedge e \neq e_{F0}$;

　　$e_M \leftarrow$ mendChain(e_{R1}, e_{F0}); // (图 1-31(b),§3.2.4)

　　if($b \bigwedge e_M.vert \in \partial \mathcal{Q}_i$)

　　　　$guard_{0,1} \leftarrow e_M$;

　　if($e_{R0} = e_{R1}$)

　　　　$e_{R0} \leftarrow e_M$;

　　else if($\theta(e_M) < \pi$)

　　　　$e_{R0} \leftarrow$ mergeChains(e_{R0}, e_M, e_{F0});//(图 1-31(c),§3.2.5)

}

if($e_{F1} \neq e_{L0}$) {//对于 e_p 左侧

　　$b \leftarrow (e \leftarrow e_{L0}.prev).pair = guard_{1,1} \bigvee (e \leftarrow e.prev).pair = guard_{1,1} \bigwedge e \neq e_{F0}$;

　　$e_{F1} \leftarrow$ mendChain(e_{F1}, e_{L0});

　　if($b \bigwedge e_{F1}.pair.vert \in \partial \mathcal{Q}_i$)

　　　　$guard_{1,1} \leftarrow e_{F1}.pair$;

　　if($e_{L0} \neq e_{L1} \bigwedge \theta(e_{L0}) < \pi$)

　　　　$e_{F1} \leftarrow$ mergeChains(e_{F1}, e_{L0}, e_{L1});

}

for($i \leftarrow 0$; $i < 2$; $i++$)

　for($j \leftarrow 0$; $j < 2$; $j++$)

if(e_{Fj}. $left$=(i=0) ∧ (r←e_{Fj}. $enclose_i$)≠ø ∧ e_p. $pair$. $enclose_i$≠r ∧ r. $pivot$≠ø ∧ Vl ≠r. $pivot_0$ ∧ Vl≠r. $pivot_1$)

do{//符合(𝒞4)嵌套循环操作

if(r. $pivot$≠ø ∧ r. isInto(e_p)){ //§3.5.24，e_p 穿越 r. $gate$ 至 r 子区域之内

setGuard(r,e_p);//(§3.2.15)

e_p. $pair$. setEnclose($lastRegion_i$←r);

while((r←r. $parent$)≠ø ∧ r. $pivot$≠ø ∧ r. isInto(e_p))

setGuard(r,e_p);//(§3.2.15)

break;

}

}while((r←(ri←r). $parent$)≠ø ∧ r. $minID$<ri. $minID$ ∧ r. $pivot_{1-i}$. ID>ri. $pivot_{1-i}$. ID);

if ($isCollinear$) {//顶点 e_{F0}. $vert$ 与 e_p 共线，点共线后处理

if(e_{F1}. $vert$=v_n)

e_p. inserTo(e_{F1}); //将 e_p 与 e_{F1} 成为邻接边

else

quartation(e_p,e_{F1}); //进行四环处理(图 1-17(e)、图 1-17(f)，§3.2.6)

break;

}

if((e_p ∩ e_{F0})≠ø) {//若 e_p 边与 e_{F0} 边相交，删减处理

e_{L0}←e_{F1};

if (e_{F0}. isDiag()) {//若 e_{F0} 是对角线

e_{F0}. treatConcavePair(); //(§3.4.4)对 e_{F0} 的背面可能位于凹环底部的情况做出处理

if(e_{F0}=$guard_{0,0}$){//穿越左侧外翻警戒线

$cutL$←$true$;

$from$←$guard_{0,0}$. $pair$; // 图 1-32，§3.2.10

while($from$. lOrth(o←cornerL($guard_{0,0}$. $pair$))<3//自 $from$ 向右偏转<3 个直角。

∧ mendChain(o. $next$, p←o. $prev$)≠ø

∧ Vl≠p. $vert$ ∧ (e_p ∩ p)≠ø)

$guard_{0,0}$←p;

if(e_{F0}=$guard_{0,0}$){

$guard_{0,0}$←$guard_{0,0}$. CW();

while($guard_{0,0}$. $pair$. $vert$∈∂𝒫)

$guard_{0,0}$←$guard_{0,0}$. $next$;

}

$forward_0$←$from$. lOrth($guard_{0,0}$. $pair$);

}else if(e_{F0}. $pair$=$guard_{0,0}$){　　//反向穿越左侧外翻警戒线

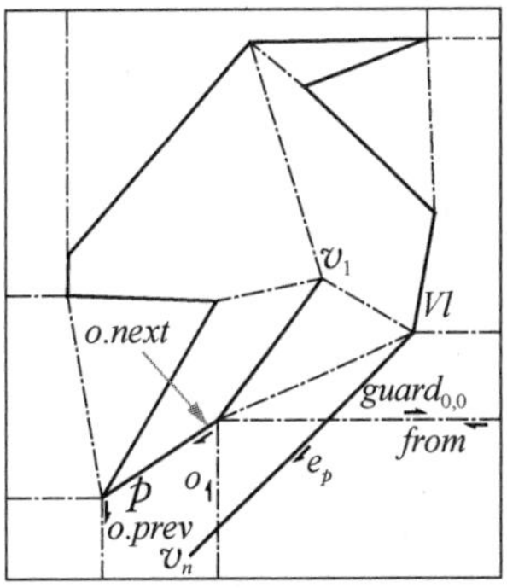

图 1-32　转角左侧外翻警戒线

$$guard_{0,0} \leftarrow \varnothing ;$$

$$forward_0 \leftarrow 0 ;$$

　　}

　　… // 穿越及反向穿越右侧外翻警戒线略

　　if($e_{F1}.vert \in \partial \mathcal{Q}_i$){// $guard_{0,1}$更新

　　　　if($cutL \wedge e_{F0}.endCCW().vert \in \partial \mathcal{Q}$)

　　　　　　$forward_0$－－;

　　　　$guard_{0,1} \leftarrow e_{F0}.pair;$

　　}

　　if($e_{F0}.vert \in \partial \mathcal{Q}_i$)… // $guard_{1,1}$更新(略)

　　$e_{F0}.guardToUpdate();$ // §3.4.6,若 e_{F0} 是 $guard_{*,1}$,则需更新 $guard_{*,1}$

　　$e_{R1} \leftarrow e_{F0}.remove();$ //删除 e_p 前方的对角线 e_{F0},并将其顺时针方向邻边作为 e_{R1}

}else //否则 e_{F0} 是多边形边界边

　　throw new RuntimeException("多边形自相交!"); // 抛出异常,终止剖分

}else { 　　//否则 e_p 边与 e_{F0} 边不相交,三环处理

　　$e_r \leftarrow mendChain(e_p.next, e_{F0});$ //对于 e_p 右侧(图1-33(a)),自 e_p 的前端向右前方连线(图1-33(b))

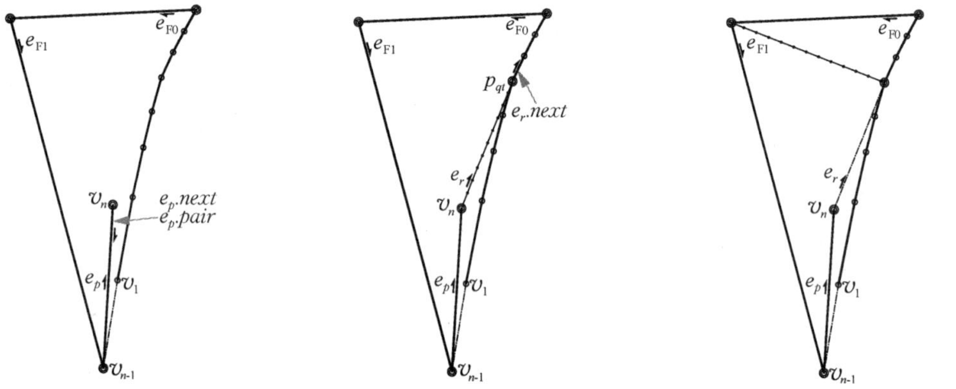

(a) $e_p.next$ 至 e_{F0}　　　　　(b) 链段修正获得 e_r　　　　　(c) $e_r.next$ 至 e_{F1} 连接成环

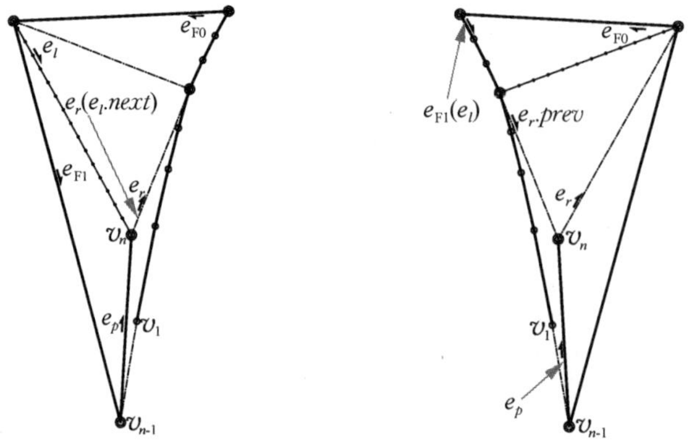

(d) e_{F1} 至 e_r 链段修正获得 e_l　　　　　(e) $e_l.next \neq e_r$

图1-33　三环处理

if($e_{F0}.vert \in \partial \mathcal{Q}_i \wedge (guard_{1,1} \leftarrow e_{F0}.CCW()).pair \neq guard_{0,0} \wedge roundTurnL())\{$
// 图 1 - 34，§ 3. 2. 11

        $guard_{0,1} \leftarrow guard_{1,1}$；// 先更新 $guard_{1,1}$，若图形绕外围右转一圈则更新 $guard_{0,1}$

    if($e_r.next \neq e_{F0}$)// 若修正结果为纯凹链段

      $e_r.next.addRing(e_{F1})$；//从右前方向左前方连线(图 1 - 33(c))

    $e_l \leftarrow mendChain(e_{F1}, e_r)$；//对于 e_p 左侧，自 e_p 的左前方向前端连线(图 1 - 33 (d))

    if($e_{F1}.vert \in \partial \mathcal{Q}_i \cdots$) // 先更新 $guard_{0,1} \cdots$(略)

    if($e_l.next \neq e_r$)// 若修正结果为纯凹链段

      $e_{F0}.addRing(e_r.prev)$；//从右前方向左前方连线(图 1 - 33(e))

    break；//在 v_n 周围共形成 3 个环；退出边切割循环

    }

  }

  pairMergeChainsR(e_p, v_R)；// 对于 e_p 右侧尝试减半合并(图 1 - 18、图 1 - 19)

  pairMergeChainsL(e_p, v_L)；// 对于 e_p 左侧尝试减半合并(图 1 - 20)

}else{//e_p 与 e_r 重合(图 1 - 17(e)，图 1 - 17(f))，边共线处理

  if($e_r.pair = guard_{1,0}$){// 图 1 - 35

    $v \leftarrow guard_{1,0}.pair.vert$；

    if(($guard_{1,0} \leftarrow guard_{1,0}.CCW()).pair.vert \in \partial \mathcal{Q}$)// 是外包菱形的边界边

      $guard_{1,0} \leftarrow guard_{1,0}.prev.CCW()$；

    if($guard_{1,0}.pair.left \vee v.isForth(guard_{1,0}.pair.vert)$)

      $guard_{1,0} \leftarrow \emptyset$；

    else{

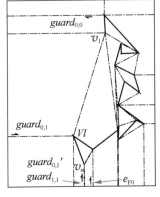

图 1 - 34　roundTurnL( )

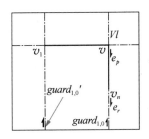

图 1 - 35　er. pair=$guard_{1,0}$

      $guard_{1,1} \leftarrow guard_{1,0}$；

      while($guard_{1,0}.prev.vert \in \partial \mathcal{Q}$)// 是外包菱形的边界边

$guard_{1,0} \leftarrow guard_{1,0}. prev.CCW()$；

　　　}

　　}// $e_r = guard_{0,0}$ 不可能出现，因为 $v_n. orientateCW(Vl.back)$ 将 e_r 排除在 e_p 右侧，则此 e_r 不在 $Vl.back$ 与 e_p 所形成的扇区之内，不可能成为 $guard_{0,0}$。

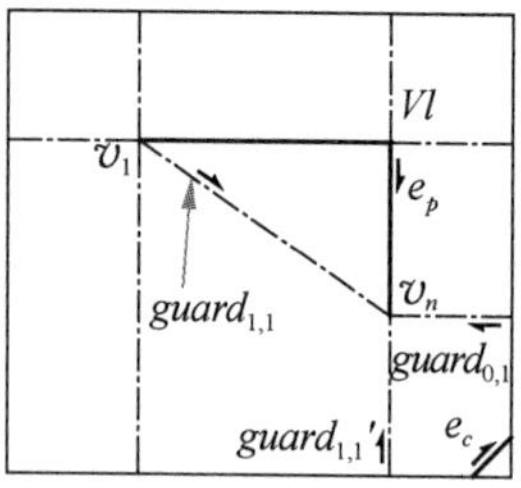

　　　$e_r. guardToUpdate()$；// §3.4.6

　　　$mendChain(e_r. remove(). next, e_c)$；//删除与 e_p 重合的边 e_r，对 e_p 右侧进行链段修正

　　　$e_c \leftarrow mendChain(e_c, e_p. prev)$；//对 e_p 左侧进行链段修正

　　　$quartation(e_p, e_c)$；//进行四环处理(图 1-17(e)、图 1-17(f)，§3.2.6)

图 1-36　$e_c. vert \in \partial \mathcal{Q}i$

　　　if($e_c. vert \in \partial \mathcal{Q}_i$){　　　// 图 1-36，$e_c$ 在无限远处

　　　　if(($guard_{0,1} \leftarrow e_p. endCW()$). $vert \in \partial \mathcal{P}$)

　　　　　$guard_{0,1} \leftarrow guard_{0,1}. endCW()$；

　　　　if(($guard_{1,1} \leftarrow e_p. endCCW()$). $vert \in \partial \mathcal{P}$)

　　　　　$guard_{1,1} \leftarrow guard_{1,1}. endCCW()$；

　　　　}

　　　}

　　if($guard_{0,0} = \varnothing \wedge (e \leftarrow e_p. prev). vert \in \partial \mathcal{Q}_i$){ // 图 1-37 左侧外翻起点判定

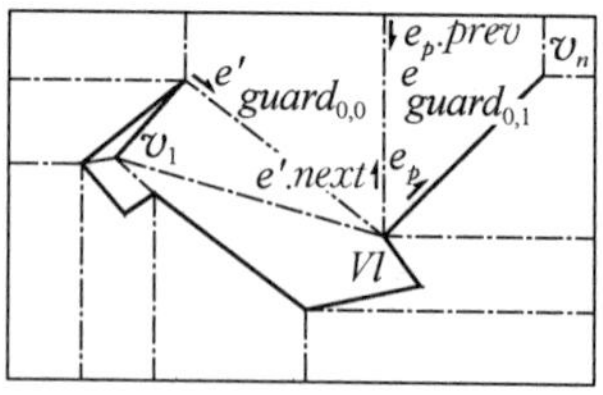

图 1-37　$e_p. prev. vert \in \partial \mathcal{Q}_i$

　　　$guard_{0,1} \leftarrow e$；

　　　while(($e \leftarrow e. endCCW()$). $vert \in \partial \mathcal{Q}_i$)；// 最多 3 次循环

　　　$guard_{0,0} \leftarrow e. next$；

　　　if(($e \leftarrow guard_{0,0}. next. next$). $vert \in \partial \mathcal{Q}_i \wedge e. next. vert \neq guard_{0,0}. vert \wedge e. pair. left$)

　　　　$guard_{0,0} \leftarrow guard_{0,0}. next. endCW()$；// 图 1-38

　　}

　if($guard_{0,0} \neq \varnothing$){// 左侧外翻起点序号最小化

　do{

　　while(($e \leftarrow guard_{0,0}. endCW()$). $vert \in \partial \mathcal{P} \wedge e. vert \neq v_1 \wedge e. left \wedge e. vert. isForth(guard_{0,0}. vert)$)

　　　$guard_{0,0} \leftarrow e$；// 图 1-39

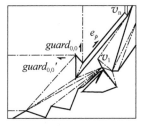

图 1-38 拐角非三角形

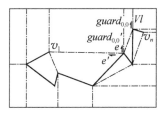

图 1-39 $guard_0.0' \leftarrow e$

```
while((e←guard_{0,0}.CCW()).pair.vert∈∂Q){        //最多2次循环
    guard_{0,0}←e;
    forward_0——;
}
}while((e←guard_{0,0}.endCW()).vert∈∂P ∧ e.vert≠v_1 ∧ e.left ∧ e.vert.isForth
(guard_{0,0}.vert));
    if(forward_0<0)
        forward_0←0;
}
if(guard_{1,0}=ø ∧ …)//右侧外翻判定与左侧对等处理(略)
    …
for(l : lThrough){
    j←l.size();
    if(j>maxLevel){        //穿越层数较多,为避免反复运算先将其融合
        ll←new LinkedList<Region>();
        ll.add(r←l.get(j-1));
        (r.parent=ø ? lChildren.get(r.gate.left ? 0 : 1) : r.parent.children).remove(r);
        online←false;
        regionFusion(ll);//§3.2.12
        online←true;
    }
    l.clear();
}
lThrough.clear();
return v_n≠v_1;   //若v_n≠v_1则返回true(继续顶点插入);否则返回false(单条多边形
在线剖分结束)
}
```

3.2.3 static HE_edge init(head) {   //初始化

$p[] \leftarrow$ {new HE_vert($sID-1$), new HE_vert($sID-2$), new HE_vert($sID-3$), new

HE_vert($sID-4$)}；//构造 4 个无限远顶点

　　$e[]\leftarrow\{p_0.\text{addBorder}(p_1)$，$p_1.\text{addBorder}(p_2)$，$p_2.\text{addBorder}(p_3)$，$p_3.\text{addBorder}$ $(p_0)\}$；//构造 4 条边

　　$e_0.\text{link}(e_1.\text{link}(e_2.\text{link}(e_3.\text{link}(e_0))))$；//四条边首位衔接形成外包环

　　$i\leftarrow head.\text{direction}()$；//获取边 head 的方向数值

　　$frnt\leftarrow e_i,left\leftarrow e_{(i+1)\%4}$，$back\leftarrow e_{(i+2)\%4},right\leftarrow e_{(i+3)\%4},tail\leftarrow head.next$；//为不同部位的边取别名

　　$rght.\text{addDiagCheck}(head)$；//连接 6 条对角线，形成 6 个环(图 1-4)：

　　$back.\text{addDiagCheck}(head)$；

　　$left.\text{addDiagCheck}(tail)$；

　　$left.\text{addDiagCheck}(head)$；

　　$frnt.\text{addDiagCheck}(tail)$；

　　$rght.\text{addDiagCheck}(tail)$；

　　$sID\ -=4$；

　　return e_0；

}

3.2.4　static HE_edge mendChain(e_h,e_t) {　　　//链段 $\rho(e_h,e_t)$ 修正

$c\leftarrow$new Chain(e_h,e_t)；

switch ($c.\text{type}()$) {

case 2：　　// 纯凸链段将使用常数时间首尾相连形成单边链段 $\rho(e_h',e_t)$ 并对产生的凸环按照 §3.4.3 分别进行 $q(e_h'.vert,\triangleleft,e_h')$ 和 $q(e_t.vert,\triangleleft,e_h')$ 的环合并

　　return $e_h.\text{addRing}(e_t)$；

case 4：　　// 尾凹链段，若 $e_h.vert$ 在 $e_t.prev$ 的左侧，将使用常数时间首尾起点相连形成单边链段 $\rho(e_h',e_t)$ 并对产生的凹环进行 $q(e_h'.vert,\triangleleft,e_h')$ 和 $q(e_t.vert,\triangleleft,e_h')$ 的环合并，否则将自 $e_h.vert$ 至该点在弧段上的伪切点 p_q 相连形成一个纯凹链段 $\rho(e_h'',e_t)$（图 1-40(a)，图 1-40(b)）并对产生的凹环进行 $q(e_h''.vert,\triangleleft,e_h'')$ 的环合并(图 1-40(c)，图 1-40(d))

　　return $e_h.\text{addRing}(c.\text{quasiTangentFromHead}())$；

case 5：　　// 首凹链段，若 $e_t.vert$ 在 e_h 的左侧，将使用常数时间首尾起点相连形成单边链段 $\rho(e_h',e_t)$ 并对产生的凹环进行 $q(e_h'.vert,\triangleleft,e_h')$ 和 $q(e_t.vert,\triangleleft,e_h')$ 的环合并，否则将自 $e_t.vert$ 至该点在弧段上的伪切点 p_q' 相连形成一个纯凹链段 $\rho(e_h,e_t)$ 并对产生的凹环进行 $q(e_t.prev.vert,\triangleleft,e_t.prev)$ 和 $q(e_t.vert,\triangleleft,e_t.prev)$ 的环合并

　　$e\leftarrow c.\text{quasiTangentFromTail}().\text{addRing}(e_t)$；

　　if ($e_h.vert=e.vert$)

　　　return e；

　　}

　　return e_h；

}

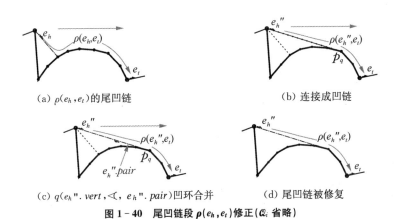

(a) $\rho(e_h,e_t)$的尾凹链　　　　　　　　　(b) 连接成凹链

(c) $q(e_h''.vert,\prec,e_h''.pair)$凹环合并　　　(d) 尾凹链被修复

图 1-40　尾凹链段 $\rho(e_h,e_t)$修正（$\mathcal{C}_i$省略）

3.2.5　static HE_edge mergeChains(e_h,e_m,e_t){　　//合并链段 $\rho(e_h,e_m)$与 $\rho(e_m,e_t)$

（各自修正成单边链段或纯凹链段）

$hp\leftarrow e_h.prev$；//交替地对两个凹链进行修正（图 1-22(a)，图 1-22(b)）

while($\theta(e_m)<\pi\wedge$mendChain($e_h,e_m\leftarrow e_m.next$).next$\neq e_t\wedge e_m\neq e_t$// 链段修正为 $\rho(e_h',$

$e_m')$，令交接处 $e_m\leftarrow e_m$

　　$\wedge\theta(e_m)<\pi\wedge(e_m\leftarrow$mendChain($e_m.prev,e_t$)).prev$\neq hp$)；// 链段修正为 $\rho(e_m'',e_t)$，

令交接处 $e_m\leftarrow e_m'$

　　return $hp.next$；// 符合（$\mathcal{C}4$）嵌套循环操作

}

3.2.6　static void quartation(e_p,e_c){　　　　// 四环处理

$e_{pp}\leftarrow e_p.pair$；//$e_p$ 右侧（图 1-41(a)）

$e_{pp}\leftarrow e_{pp}.addRing$(middle($e_{pp}.next,e_c$))；// （图 1-41(b)，图 1-41(c)，middle：§3.2.7）

$e_{pp}\leftarrow e_{pp}.addDiagCheck(e_c)$；// e_p 右前方（图 1-41(d)）

middle(e_c,e_p).addRing(e_{pp})；// e_p 左侧（图 1-41(e)，图 1-41(f)）；如此在 v_n 周围形

成 4 个环

}

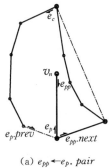  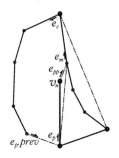

(a) $e_{pp}\leftarrow e_p.pair$　　　　(b) middle($e_{pp}.next,e_c$)　　　　(c) $e_{pp}\leftarrow e_{pp}.addRing(e_m)$

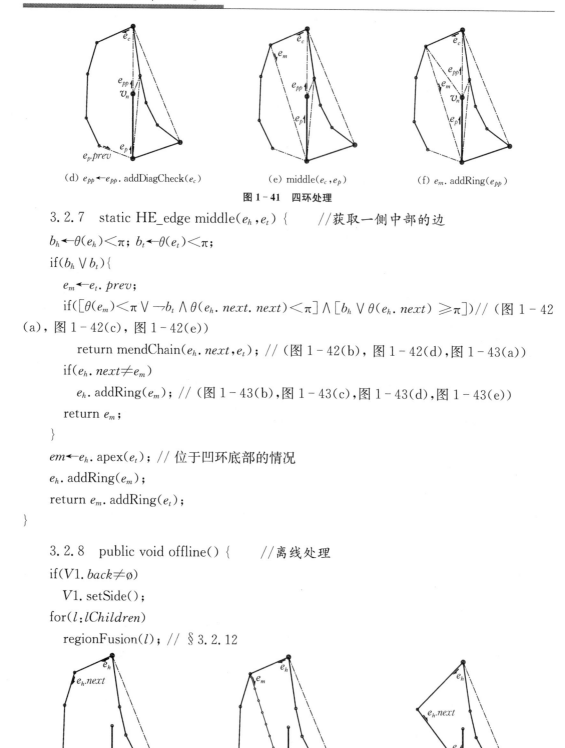

(d) $e_{pp} \leftarrow e_{pp}.\text{addDiagCheck}(e_c)$ (e) $\text{middle}(e_c, e_p)$ (f) $e_m.\text{addRing}(e_{pp})$

图 1-41　四环处理

3.2.7　static HE_edge middle(e_h, e_t) {　　//获取一侧中部的边

$b_h \leftarrow \theta(e_h) < \pi$; $b_t \leftarrow \theta(e_t) < \pi$;

if($b_h \lor b_t$){

　$e_m \leftarrow e_t.\text{prev}$;

　if($[\theta(e_m) < \pi \lor \neg b_t \land \theta(e_h.\text{next}.\text{next}) < \pi] \land [b_h \lor \theta(e_h.\text{next}) \geq \pi]$)// （图 1-42

(a)，图 1-42(c)，图 1-42(e)）

　　　return mendChain($e_h.\text{next}$, e_t); // （图 1-42(b)，图 1-42(d)，图 1-43(a)）

　if($e_h.\text{next} \neq e_m$)

　　　$e_h.\text{addRing}(e_m)$; // （图 1-43(b)，图 1-43(c)，图 1-43(d)，图 1-43(e)）

　return e_m;

}

$em \leftarrow e_h.\text{apex}(e_t)$; // 位于凹环底部的情况

$e_h.\text{addRing}(e_m)$;

return $e_m.\text{addRing}(e_t)$;

}

3.2.8　public void offline() {　　//离线处理

if($V1.\text{back} \neq \emptyset$)

　$V1.\text{setSide}()$;

for(l; $l\text{Children}$)

　regionFusion(l); // §3.2.12

(a) $\theta(e_m) < \pi$ (b) $e_m \leftarrow \text{mendChain}(e_h.\text{next}, e_t)$ (c) $\theta(e_t) > \pi$

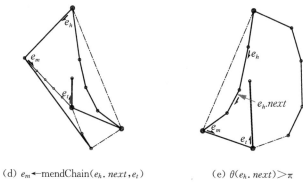

(d) $e_m \leftarrow \text{mendChain}(e_h. next, e_t)$ (e) $\theta(e_h. next) > \pi$

图 1 - 42   中边处理之一

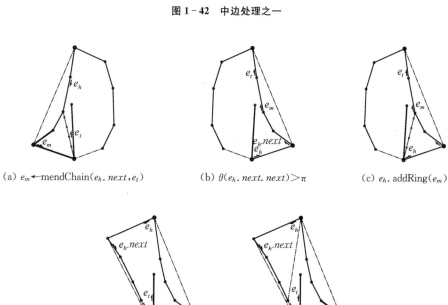

(a) $e_m \leftarrow \text{mendChain}(e_h. next, e_t)$ (b) $\theta(e_h. next. next) > \pi$ (c) $e_h. \text{addRing}(e_m)$

(d) $\theta(e_m) > \pi$ (e) $e_h. \text{addRing}(e_m)$

图 1 - 43   中边处理之二

```
lChildren. clear();
if(¬isResidue(quad))
    for (i←residue. size(); i−−>0;){
        quadi←residue. get(i);
        residue. remove(i);
        if (isResidue(quadi)){
            quad←quadi;
            break;
        }
    }
```

for ($i \leftarrow residue$. size(); $i - - > 0$;)

if (isResidue($residue$. get(i))) // $residue$. get(i)不仅是外包菱形的 4 条边,还有其他残留边

throw new RuntimeException("residue"); //子区域融合失败,抛出异常。

residue. clear();

if($V1. back \neq \emptyset \land quad. prev. left$){//若多边形闭合且外侧是左侧,则多边形需要反向

$Vn \leftarrow Vl$;

$Vl \leftarrow V1$;

$V1 \leftarrow Vn$;

Do   // 对所有顶点进行循环

Vn. reverse($N - Vn$. ID);

while (($Vn \leftarrow Vn$. nextV()) $\neq V1$);

}

$bothSides \leftarrow \rightarrow PartitionPanel$. isSelected(3) $\lor \rightarrow PartitionPanel$. isEnabled(3) $\lor v_1$. $back = \emptyset$;// 获取双侧输出标志;

if($bothSides \land PartitionPanel$. isSelected(4))// 若$bothSides = true \land$需要输出凸包,则

convexHull(); // 调用凸包求解函数($\S3. 2. 9$)

if($PartitionPanel$. isSelected(5))// 若需要三角化,则

new Triangulate($bothSides$, $this$). traversalRing();//调用三角化输出函数

}

3.2.9   private void convexHull() {   //凸包求解

$corner[] \leftarrow$ new HE_edge[4]; // 建立 4 个空的拐角处的边的记录

for($i \leftarrow 0, e_i \leftarrow quad$; $i < 4$; $e_i \leftarrow e_n$. $vert. forth, i++$){   //使外包菱形的每条边的两端与多边形的一个顶点相连而形成三角形

$p \leftarrow (e_p \leftarrow e_i. prev). vert$; //(图 1-44,图 1-45)

$n \leftarrow (e_n \leftarrow e_i. next). pair. vert$;

if($p \neq n$) // 若尚未形成三角形

if(e_n. inFan(e_p))// 若$e_n. vert$ 位于e_p边与$e_p. prev$ 所形成的扇区之内(图 1-44(a))

e_p. addDiagCheck(e_n); // (图 1-44(b))

else   // 否则(图 1-45(a))

$e_n. next$. addDiagCheck(e_i); // (图 1-45(b))

}

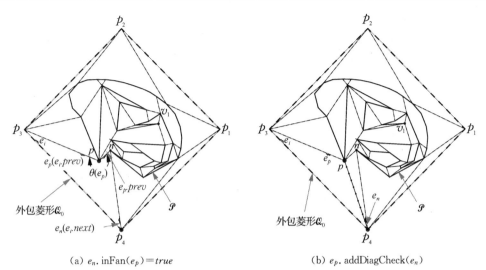

(a) $e_n.\text{inFan}(e_p)=true$　　　　　　　(b) $e_p.\text{addDiagCheck}(e_n)$

图 1-44　外包菱形的边 e_i 与内部剖分未形成三角形（$p\neq n$）之一

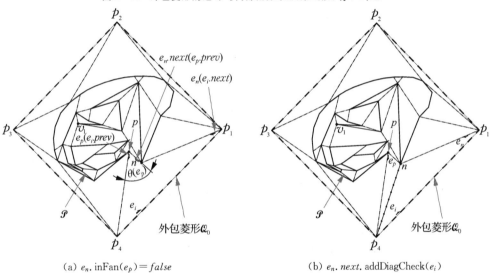

（a）$e_n.\text{inFan}(e_p)=false$　　　　　　（b）$e_n.\text{next}.\text{addDiagCheck}(e_i)$

图 1-45　外包菱形的边 e_i 与内部剖分未形成三角形（$p\neq n$）之二

for($i\leftarrow 0, e_i\leftarrow quad$；$i<4$；$e_i\leftarrow e_n.\text{vert}.\text{forth}, i++$）{　　 // 删除外包菱形到多边形的连线，仅连接到极值点

    $e_l\leftarrow e_i.\text{vert}.\text{back}.\text{CW}()$，$e_r\leftarrow e_i.\text{CCW}()$；

    if($e_l\neq e_r$) {

        $l_m\leftarrow e_l.\text{CW}()$，$l_p\leftarrow e_l.\text{pair}$，$l_n\leftarrow e_l.\text{next}$；// （图 1-46(a)）

        $e_m\leftarrow\text{mendChain}(l_m.\text{next}, l_p)$；

        while($l_m\neq e_r$)　// 两两合并（图 1-46(b)），循环删除 $e_i.\text{vert}$ 到多边形的连线

            $e_m\leftarrow\text{mergeChains}(\text{mendChain}((l_m\leftarrow l_m.\text{remove}()).\text{next}, e_m), e_m, l_p)$；

        $e_r.\text{remove}()$；$e_l.\text{remove}()$；// （图 1-47(a)）

        for($e_r\leftarrow e_m, e_l\leftarrow l_n$；$e_r\neq e_l$；$e_r\leftarrow e_r.\text{next}, e_l\leftarrow e_l.\text{prev}$) {// 求极值点，从两端向中间作比较

if($e_r.pair.vert.innerThan(i, e_r.vert)$){   //若 $e_r.pair.vert$ 的坐标值比 $e_r.vert$ 的坐标值更趋向中心位置

    $e_l \leftarrow e_r$；

    break；

    }

    if ($e_l = e_r.next \lor e_l.prev.vert.innerThan(i, e_l.vert)$)

    break；

    }

    $e_i.addDiagCheck(e_l)$；//连接到极值点（图 1 - 47(b)）

    if($e_l \neq e_m$) // 若极值点不在拐角

       $corner_i \leftarrow e_m$；//记录拐角边

    }

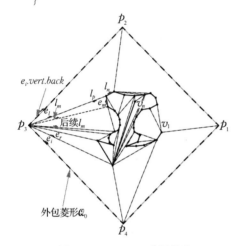

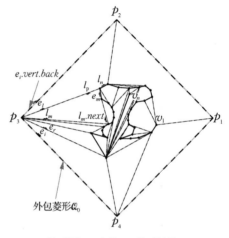

（a）e_i、e_l、e_r、l_m、l_p、l_n 位置关系　　　　（b）删除(a)中的 l_m，得到新的 l_m

图 1 - 46　外包菱形顶点至多边形的对角线逐一删除

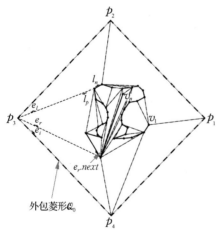
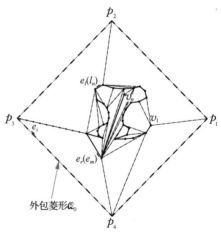

（a）e_r、e_l 将被删除　　　　　　　　（b）连接至极值点

图 1 - 47　求极值点

```
            }
        for(i←0,e_i←quad; i<4; e_i←e_n. vert. forth,i++) // 若 θ(corner_i)<π,则需要做
出处理
            if(corner_i≠ø∧corner_i. prev. vert∈∂𝒫∧θ(corner_i)<π)
                mergeMendChains(e_i. next. next, corner_i, e_i. prev);
    }
```

3.2.10　static private HE_edge cornerL(o) {　　　// 图 1-32

```
while(o. prev. vert∈∂𝒬_i) // o. prev 为外包菱形的边界(在无限远处)
    o←o. prev. CCW();
return o;
}
```

3.2.11　static public boolean roundTurnL() {　　　// 图 1-34

```
return guard_{0,0}≠ø∧[guard_{0,0}. pair. lOrth(guard_{0,1})+forward_0]>3;// 绕图形外围
```

右转 4 个直角

```
}
```

3.2.12　private void regionFusion(l) {

```
size←0;
for(r:l)
    regionFusion(r); // (§3. 2. 13)
l. clear();
}
```

3.2.13　private void regionFusion(r) {

```
if(r. pivot=ø)
    return;
for(child:r. children)
    if(child. parent=r)
    regionFusion(child);
r. children. clear();size++;
quadi←r. regionFusion(); // (§3. 5. 3)
if (quadi≠quad∧isResidue(quadi)){        // quadi 不仅是外包菱形 𝒬_i 的 4 条边,还
有其他残留边
    if (isResidue(quad))// quad 不仅是外包菱形 𝒬_0 的 4 条边,还有其他残留边
        residue. add(quad);
    quad←quadi;
```

```
        }
}
```

3.2.14   static public void newGuardToL() {

$abutCorner \leftarrow guard_{0,0} \neq \emptyset \wedge (guard_{0,0}.next = guard_{0,1} \vee$

$guard_{0,0}.next.next = guard_{0,1})$;

    $guard'_{0,1} \leftarrow guard_{0,1}.CW()$;

    if($guard'_{0,1}.pair.vert \in \partial \textcircled{Q}$){   // 图 1-48,无限远处的

外包菱形边界边

        $guard''_{0,1} \leftarrow guard'_{0,1}.next$;

        if($abutCorner$)

           $forward_0 ++$;

    }

}

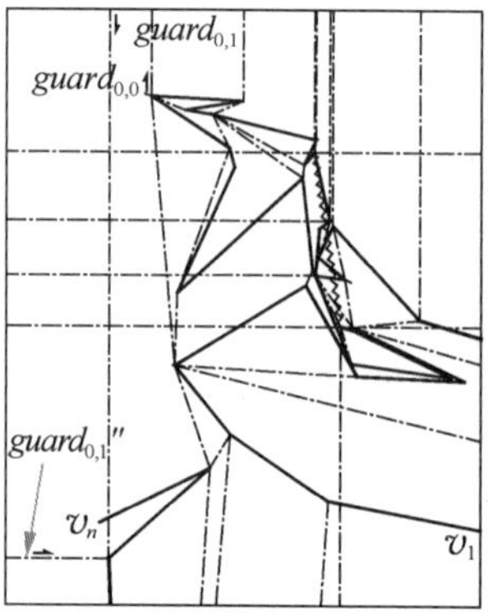

图 1-48　转角处 $guard_{0,1}$

3.2.15   private void setGuard(r, e_p) {

$r.setShield(e_p)$;

if($r.guard \neq \emptyset \wedge lRegion \neq r$){

    $lRegion \leftarrow r$;

    $guard \leftarrow r.guard$;

    }

}

3.3　链 Chain 类函数

3.3.1   public HE_edge[] locate(e_p) {　　　　// 定位处理

$count \leftarrow isTight()$ // (§3.3.3)

    ? $Partition.THRESHOLD$: $Integer.MAX\_VALUE$;

$rp \leftarrow e_p.pair$;

$ud[] = \{head, tail\}$;

switch (type()) {

case 2：　　// 纯凸链段

case 3：　　// 纯凹链段

    return bidirectional($cunt, e_p, head, tail, ex$);

case 4：　　// 尾凹链段

    if ($rp.isCohub(ud_1 \leftarrow head.next) \wedge ud_1$ 与 r_p 间的夹角<

π) //图 1-49

        return $\{ ud_1, ud_1 \}$;

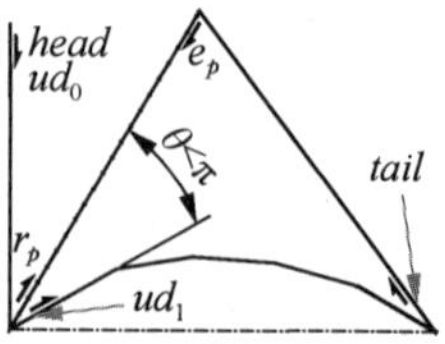

图 1-49　　$rp.vert = ud_1.vert \wedge \theta < \pi$

if (e_p 与 $tail.\,prev$ 间的夹角$<\pi$)// 图 1−50

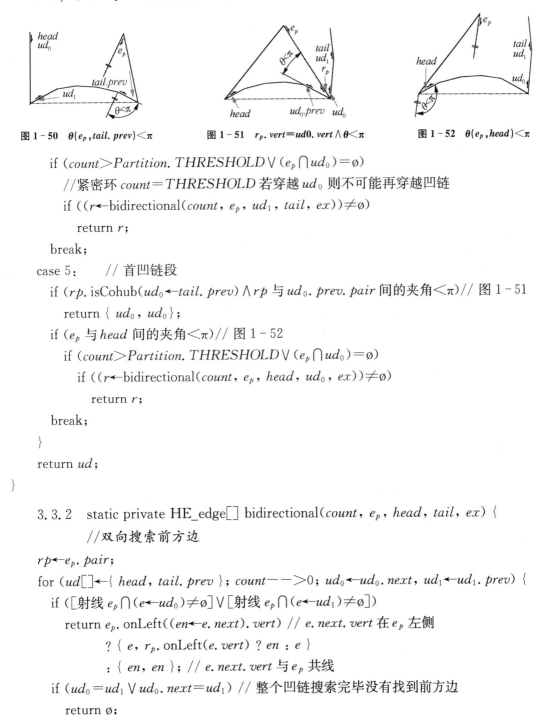

图 1−50　$\theta(e_p,tail.\,prev)<\pi$　　　图 1−51　$r_p.\,vert=ud0.\,vert\wedge\theta<\pi$　　　图 1−52　$\theta(e_p,head)<\pi$

if ($count>Partition.\,THRESHOLD\vee(e_p\cap ud_0)=\emptyset$)

　　//紧密环 $count=THRESHOLD$ 若穿越 ud_0 则不可能再穿越凹链

　　if (($r\leftarrow$bidirectional($count$, e_p, ud_1, $tail$, ex))$\neq\emptyset$)

　　　　return r;

　break;

case 5：　　// 首凹链段

　if ($rp.\,isCohub(ud_0\leftarrow tail.\,prev)\wedge rp$ 与 $ud_0.\,prev.\,pair$ 间的夹角$<\pi$)// 图 1−51

　　return $\{ud_0$, $ud_0\}$;

　if (e_p 与 $head$ 间的夹角$<\pi$)// 图 1−52

　　if ($count>Partition.\,THRESHOLD\vee(e_p\cap ud_0)=\emptyset$)

　　　if (($r\leftarrow$bidirectional($count$, e_p, $head$, ud_0, ex))$\neq\emptyset$)

　　　　return r;

　break;

}

return ud;

}

3.3.2　static private HE_edge[] bidirectional($count$, e_p, $head$, $tail$, ex) {

　　　　//双向搜索前方边

$rp\leftarrow e_p.\,pair$;

for ($ud[]\leftarrow\{head$, $tail.\,prev\}$; $count--\,>0$; $ud_0\leftarrow ud_0.\,next$, $ud_1\leftarrow ud_1.\,prev$) {

　if ([射线 $e_p\cap(e\leftarrow ud_0)\neq\emptyset$]$\vee$[射线 $e_p\cap(e\leftarrow ud_1)\neq\emptyset$])

　　return $e_p.\,onLeft((en\leftarrow e.\,next).\,vert)$ // $e.\,next.\,vert$ 在 e_p 左侧

　　　　? $\{e$, $r_p.\,onLeft(e.\,vert)$? en : $e\}$

　　　　: $\{en$, $en\}$; // $e.\,next.\,vert$ 与 e_p 共线

　if ($ud_0=ud_1\vee ud_0.\,next=ud_1$) // 整个凹链搜索完毕没有找到前方边

　　return $\emptyset$;

}

return $\{\emptyset$, $ex\}$;// 循环次数超过阈值 $THRESHOLD$

}

3.3.3　private boolean isTight() {

$p[\ ]\leftarrow\{$ head. vert, head. pair. vert, tail. prev. vert, tail. vert $\}$

$t\leftarrow$type();

if($\neg$Partition. online $\vee\ p_0$. isLoose() $\vee\ p_3$. isLoose() $\vee\ p_0=p_2\vee p_1=p_2$

$\qquad\vee[b\leftarrow p_0$. isForth($p_1$)]$\neq p_1$. isForth($p_2$) $\vee\ b\neq p_2$. isForth(p_3)

$\qquad\vee b\neq$head. left $\vee b\neq$tail. left

$\qquad\vee[b$? Partition. roundTurnL() $\wedge\ \neg$Partition. $guard_{0,0}$. vert. isForth(p_0)

$\qquad\qquad\wedge\ \neg p_{t=5?2:3}$. isForth(Partition. $guard_{0,1}$. pair. vert)// 在左侧外翻影响范围

之内

$\qquad\qquad$: Partition. roundTurnR() $\wedge\ \neg$Partition. $guard_{1,0}$. pair. vert. isForth(p_3)

$\qquad\qquad\wedge\ \neg p_{t=4?1:0}$. isForth(Partition. $guard_{1,1}$. pair. vert)]) // 在右侧外翻影响

范围之内

$\qquad$return false；

if($t=3$)// 纯凹链需追加一条边才能形成首凹链或尾凹链所构成的紧密环，见§3.5.1

$\quad$if(b){　　　// 图1-53(a)形成首凹链，head. prev. isForth()$\neq b$

$\qquad p_3\leftarrow$tail. next. vert；

$\quad$}else　　　// 图1-53(b)形成尾凹链，head. prev. isForth()$=b$

$\qquad p_0\leftarrow$head. prev. vert；

if(b){

$\qquad$if(($t=5\vee t=3$) $\wedge$ Partition. roundTurnL() $\wedge\ \neg$Partition. $guard_{0,0}$. vert. isForth(p_0) $\wedge\ \neg p_3$. isForth(Partition. $guard_{0,1}$. pair. vert))

$\qquad$ex$\leftarrow$tail；//对于凹环形成的子区域，有内侧外翻的情况

$\quad$}else if(($t=4\vee t=3$) $\wedge$ Partition. roundTurnR() $\wedge\ \neg$Partition. $guard_{1,0}$. pair. vert. isForth(p_3) $\wedge\ \neg p_0$. isForth(Partition. $guard_{1,1}$. pair. vert))

$\qquad$ex$\leftarrow$head；//对于凹环形成的子区域，有内侧外翻的情况

$r32[\ ][\ ]\leftarrow\{$head. enclose, tail. enclose, Partition. lastRegion$\}$；

if(($r\leftarrow r32_{2,b?0:1})\neq\emptyset\wedge p_{b?0:3}$. isForth($r$. $pivot_{b?0:1}$))

$\quad$return false；

for($r2[\ ]$: $r32$)

$\quad$if(($r\leftarrow r2_{b?0:1})\neq\emptyset\wedge r$. $pivot\neq\emptyset$)

$\qquad$if((r. gate $\cap\ \overrightarrow{p_0 p_3})\neq\emptyset\vee(r$. gate $\cap\ \overrightarrow{p_3 p_0})\neq\emptyset$)

$\qquad\quad$return false；

return true；

}

3.4　边 *HE_edge* 类函数

3.4.1　public HE_edge addRing(*down*) {　　　//连接成环

ePair←*down*. addDiagCheck(*this*)；

if(*ePair*. CCW(). mergeRingsOn2Ends())// 尝试是否可以删除 *ePair* 逆时针方向的邻边而形成更大的环

　　ePair. *next*. MergeRingsOn2Ends()；// (§3.4.3)尝试是否可以删除 *ePair*. *next* 而形成更大的环

return *ePair*. *pair*；

}

3.4.2　public HE_edge addDiagCheck(*down*) {　　　//连成对角线

if (¬[*down*. *vert*. isPivot() ∨ *down*. *vert*. *back*=ø ∨ *vert*∈∂$\mathcal{Q}$] ∧¬inFan(*down*))

　　throw new RuntimeException("addRing1：" + *vert* + "\n" + *down*. *prev*)；

if (¬[*vert*. isPivot() ∨ *vert*. *back*=ø] ∧¬*down*. inFan(*this*))

　　throw new RuntimeException("addRing2：" + *down*. *vert* + "\n" + *prev*)；

return addDiag(*down*)；//(§3.4.5)

}

3.4.3　private boolean mergeRingsOn2Ends() {　　　// 删除对角线以形成更大的环

// 对于环 $q(p_1, v, this)$，其中 $v∈\{◇, ◁, △\}$，若与其相邻的另一个环是 $q(p_1, v, e_1')$，共有边是 *this* 与 *pair* (图 1-54(a)、图 1-54(b)、图 1-54(c))，若同时满足如下条件，则可以将共有边删除，形成一个较大的环

if(isDiag() ∧[¬*Partition*. *online*

　∨ *Partition*. $guard_{0,0}$≠*this* ∧ *Partition*. $guard_{0,0}$≠*pair* ∧ *Partition*. $guard_{1,0}$≠*this*

∧*Partition*. $guard_{1,0}$≠*pair*]

　　∧ *pair*. monoSide(e_2'←*pair*. *next*. *next*) // 且反向边 *pair* 与 e_2' 在同一侧

　　∧ stepLeft() ∧ (p_2'←e_2'. *vert*)∈∂$\mathcal{P}$ // 且 e_1' 与 e_n 间的夹角<π 且 p_2'∈∂$\mathcal{P}$

　　∧ *pair*. monoSide(e_n←*prev*) ∧ (p_n←e_n. *vert*)∈∂$\mathcal{P}$// 且本边的反向边 *pair* 与 e_n 在同一侧且 p_n∈∂$\mathcal{P}$

　　∧e_2'. isForth()=[*f*←*next*. isForth()] ∧e_n. *prev*. isForth()=*f* // 且 e_2'、e_2、e_n. *prev* 同为增序或同为减序

　　∧¬[(p_2←*pair*. *vert*). isPivot() ∨ p_2'. isPivot() ∨ p_n. isPivot()]) // 且 p_2, p_2', p_n 皆非转轴点，

　　　　if(*pair*. stepLeft()){ // e_2 与 *pair*. *prev* 间的夹角<π(图 1-54(a))，

　　　　　if(*pair*. isConvex() ∧isConvex()){　　　// 符合 $q(p_2, ◁, pair)$和 $q(p_1, ◁,$

this)

$f \leftarrow vert \in \partial Q \lor vert.\,back \neq \emptyset \land vert.\,forth \neq \emptyset \land p_2.\,back \neq \emptyset \land p_2.\,forth \neq \emptyset$

$\land left \neq pair.\,left$; // 记录 *this* 和 *pair* 是否位于不同侧

guardToUpdate()；

remove()；

if(*f*){　　// 图 1-54(c)，对于位于狭缝一侧的凸环，连接成 tight 环

　　$e_2'.\,$addRing(e_n)；

　　return *false*；

}

}

}else　　//e_2 与 *pair. prev* 间的夹角$\geq \pi$(图 1-54(b))

if ({$p_2.\,back \neq \emptyset \land p_2.\,forth \neq \emptyset$　　// $p_2 \neq v_1$ 且 $p_2 \neq v_n$

　　$\land p_2'.\,back \neq \emptyset \land [p_2'.\,forth \neq \emptyset \lor \rightarrow e_2'.\,$isDiag()]　　// $p_2' \neq v_1$ 且($p_2' \neq v_n$ 或 e_2'

是多边形边)

　　$\land p_n.\,back \neq \emptyset \land [p_n.\,forth \neq \emptyset \lor \rightarrow e_n.\,prev.\,$isDiag()]　　// $p_n \neq v_1$ 且($p_n \neq v_n$

或 $e_n.\,prev$ 是多边形边)

　　$\land pair.\,next.\,$isConcave()$\land$isConcave()}){　　// 符合 $q(p_1, \triangleleft, e_1')$ 和 $q(p_1,$

$\triangleleft, this)$

　　guardToUpdate()；

　　remove()；

　　return *false*；

}

return *true*；

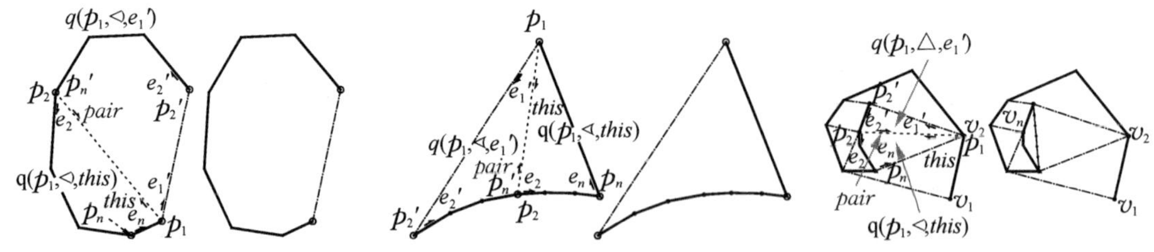

}

(a) 在 p_1 处合并成更大凸环(Q_i省略)　　(b) 在 p_1 处合并成更大凹环(Q_i 省略)　　(c) *this* 和 *pair* 位于多边形不同侧

图 1-54　环顶在 p_1 的环合并

3.4.4　public void treatConcavePair(){　　//反向边在凹环底部的处理

$e \leftarrow pair.\,next$；

if($\theta(pair) \geq \pi \lor \theta(e) \geq \pi$){　　// (图 1-55、图 1-56)

　　$apex \leftarrow e.\,$apex()；

　　if($e.\,next \neq apex$) // (图 1-55(a))

　　e. addDiagCheck($apex$)；// 连接 v_1 与 v_5 两个顶点(图 1-55(b))

　　if($apex$. $next \neq pair$) // (图 1-56(a))

　　　　$pair$. addDiagCheck($apex$)；//连接 v_1 与 v_5 两个顶点(图 1-56(b))；

　　}

}

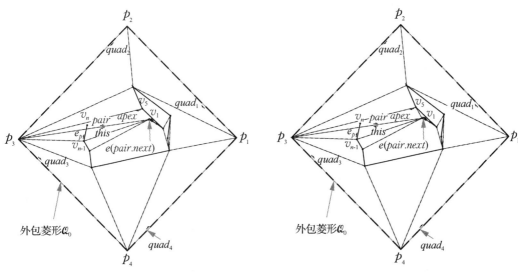

(a) e. $next \neq apex$　　　　　　(b) e. addDiagCheck($apex$)

图 1-55　反向边在凹环底部的处理之一

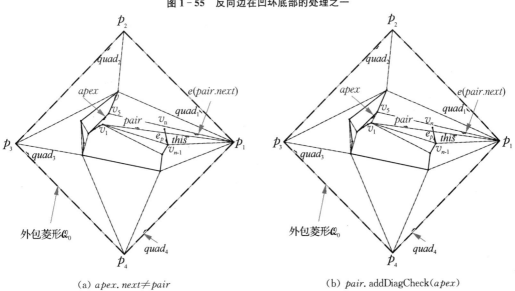

(a) $apex$. $next \neq pair$　　　　　　(b) $pair$. addDiagCheck($apex$)

图 1-56　反向边在凹环底部的处理之二

3.4.5　public HE_edge addDiag($down$) {　　　//连成对角线

$newDiag \leftarrow vert$. addEdge($down$. $vert$)；

$newDiag$. $pair$. inserTo($this$)；

$newDiag$. inserTo($down$)；

newDiag. left←left；*newDiag. pair. left←down. left*；

newDiag. enclose←enclose；*newDiag. pair. enclose←down. enclose*；

return *newDiag*；

}

3.4.6　public void guardToUpdate() {

if(*Partition. online*){

　　if(*this*＝*Partition. guard*$_{0,1}$ ∨ *pair*＝*Partition. guard*$_{0,1}$)

　　　　Partition. newGuardToL()；// (§3.2.14)

　　if(*this*＝*Partition. guard*$_{1,1}$ ∨ *pair*＝*Partition. guard*$_{1,1}$)

　　　　Partition. newGuardToR()；

}

}

3.5　子区域 *Region* 类函数

3.5.1　public Region(e_R[]，e_L[]，*ex*) {　　//构造函数

rTailPrev←e_{R1}. prev；// 由于生成新的子区域后，用于定位的前方链段的起始边 e_{R1} 发生了改变，因此需要记录下不发生改变的边，据此可以获得变更后的起始边信息

　　if ((*t←new Chain*(e_{R1}，e_{L0}). type())＝3) {　　// 若前方链段 $\rho(e_{R1}, e_{L0})$ 是纯凹链(图 57)，则是顶点 v_n 插入剖分后的首次定位(尚未进行过边删除处理)，需要追加一条边以形成紧密环

　　　　if (e_{R0}. isForth()＝e_{R1}. isForth()) // 若 e_{R0} 与 e_{R1} 同为减序，e_{R1}. *left*＝*false*(图 1−57 (a))

　　　　　　*i←j←*0；// 添加右侧边 e_{R0} 成为尾凹链，将被外包菱形替代的链段为 $\rho(e_{R0}, e_{L0})$

　　　　else　　// 否则 e_{R0} 与 e_{R1} 增减序不同，e_{R1}. *left*＝*true* (图 1−57(b))

　　　　　　*i←j←*1；// 添加左侧边 e_{L1} 成为首凹链，将被外包菱形替代的链段为 $\rho(e_{R1}, e_{L1})$

　　}else{　　// 对于纯凸链、首凹链、尾凹链，则无需追加非开口边

　　　i＝1；

　　　j＝0；

　　}

　pivot[]←{e_{Ri}. *vert*，e_{Lj}. *vert* }；

　pivot$_0$. setPivot(*this*)；

　pivot$_1$. setPivot(*this*)；

　gate←e_{Ri}. addGate(e_{Lj})；

　quad←Partition. init(*gate*)；

　minID←pivot$_{gate. left?0:1}$. ID；

　if(*ex*≠∅)//对于凹环形成的子区域，有内侧外翻的情况

guard←new $HE\_edge[\ ][\ ]\{\{\varnothing,\varnothing\},\{\varnothing,\varnothing\}\}$；

if($i=j$) // 即对于纯凹链追加非开口边后形成的子区域

　if($i=0$) {

　　　while($\rightarrow e_{L1}.$CW$().$onLeft$(e_{L1}.pair.vert)$) // e_{L1} 的顺时针方向邻边却位于逆时

针位置(图 1-58(a))

　　　　　$e_{L1}.$CW$().$remove$()$; // 删除此错位的邻边(最多循环 2 次)

　　　$rTailPrev←e_{R0}←e_{L1}.$CW$()$;

　}else {　　// 否则 $i=1$

　　　while($\rightarrow e_{L1}.$onLeft$(e_{L1}.$CCW$().pair.vert)$) // 即 e_{L1} 的逆时针方向邻边却位于顺

时针位置(图 1-58(b))

　　　　　$e_{L1}.$CCW$().$remove$()$; // 删除此错位的邻边(最多循环 2 次)

　　　$E_{L0}←e_{L1}.prev$;

　}

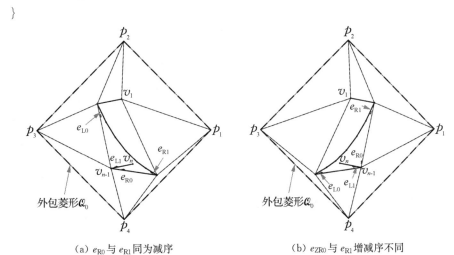

(a) e_{R0} 与 e_{R1} 同为减序　　　　　　(b) e_{ZR0} 与 e_{R1} 增减序不同

图 1-57　纯凹链将要产生子区域

$e_{R1}←rTailPrev.next$; // 更新用于定位的前方链段的起始边

for($e←gate$; $(e←e.$endCW$()).vert\in\partial\mathcal{Q}_{\text{current}}$;){　　　// 图 1-59(程序实现时外包菱形

皆在无限远处)

　　$e.$setEnclose$(this)$;// 至 e'''' 处结束,最多循环 4 次

　　$e.prev.$setEnclose$(this)$;

}

for($e←e.$endCCW$()$; $e.vert\neq pivot_0$; $e←e.prev$)// 图 1-60,从最后一条至外包菱形

的边 e 开始

　　$e.$setEnclose$(this)$; // 至 e'' 处结束,最多循环 3 次

for($e.$setEnclose$(this)$; $(e←e.$CW$())\neq gate$;){　　　// 最多循环 3 次

　　$e.$setEnclose$(this)$;

　　$e.next.$setEnclose$(this)$;

```
        }
    }
}
```

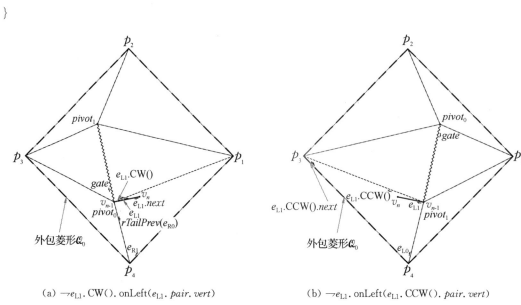

（a）→e_{L1}.CW().onLeft(e_{L1}.pair.vert)　　　　（b）→e_{L1}.onLeft(e_{L1}.CCW().pair.vert)

图 1 - 58　纯凹链追加非开口边后形成的子区域邻边错位

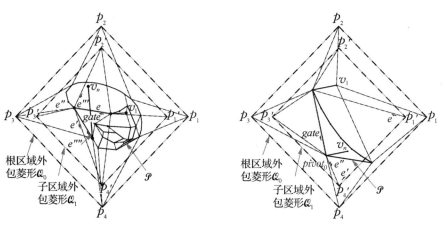

图 1 - 59　子区域内至外包菱形的边的搜索　　　　**图 1 - 60　属于子区域所包含的边**

3.5.2　private HE_edge[] preTreatment() {　　　//子区域融合预处理

for(e_p←gate.CW(), e_l←e_p.CW(), rLast←ø, fLast←ø, sLast←ø; // 获取初始探测边（图 1 - 61）与扫描初始边

　　　e_p←e_p.remove(), e_l←e_r) {　　　// 对所有被其他边切割的探测边循环,符合(C4)嵌套循环操作

　　　　while(e_p.pair.vert∈∂Q) //最多循环 3 次

　　　　　　e_p←e_p.remove();

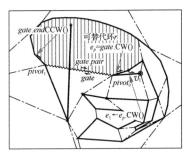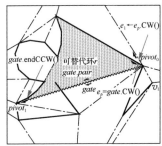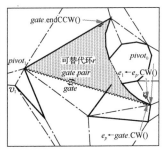

图 1-61 不同形状的可替代环初始探测边与初始定向边的位置

$e_r \leftarrow e_p. \, pair. \, vert. \, \text{orientateCW}(e_l)$；// （图 1-62 以及图 1-12、图 1-13、图 1-14），在折叠剖分中定向包围 e_p 的环（右首边 e_r）

$v \leftarrow e_r. \, pair. \, vert$；

if(e_r 与 e_p 重合) {　//共线处理

　if($e_p \in \partial \mathcal{P} \vee v \in \partial \mathcal{Q}$) {

　　$Partition. \, \text{middle}(e_r. \, next, e_r)$；// （§3.2.7）

　　$Partition. \, \text{middle}(e_r. \, pair. \, next, \, e_r. \, pair)$；

　　$e_r \leftarrow e_r. \, \text{remove}()$；

　　return $\{e_p, e_r\}$；

　}

} else{

　$ret[\,] \leftarrow \{e_p, e_r\}$；

　if($e_p \in \partial \mathcal{P}$)

　　return ret；

　$pf[\,] \leftarrow \{e_p, \, e_r = rlast \, ? \, fLast \, : \, e_r. \, prev,$

　　　　$e_r = rlast \wedge slast \neq \emptyset \, ? \, slast :$

$e_r\}$；

　　do{　　// 符合(**C**4) 嵌套循环操作

　　　while（[射线 $e_p \bigcap (pf_1 \leftarrow pf_1. \, prev)] = \emptyset \vee \neg \text{onRight}(pf)$) // 图 1-63，若射线 e_p 与 pf_1 不相交，或 $\neg \text{onRight}(pf)$ （§3.5.17），即还有后续的 $pf_1. \, prev$ 从 e_p 右侧延伸至左侧，则继续 while 循环

　　　if ($pf_1. \, \text{onLeft}(e_p. \, pair. \, vert)$) // $e_p. \, pair. \, vert$ 在 pf_1 的左侧，即 $(e_p \bigcap pf_1) = \emptyset$ （e_p 与前方边不相交）

　　　　return ret；

　　}while($pf_1. \, vert \in \partial \mathcal{Q} \wedge (sLast \leftarrow pf_2 \leftarrow pf_1 \leftarrow pf_1. \, pair) \neq \emptyset$)；// 前方边起点在外包

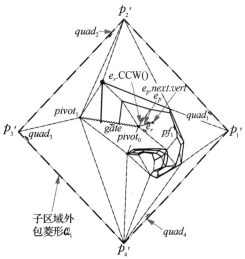

图 1-62 初始探测边 e_p 在子区域中的定向

菱形上则继续 do 循环

$\quad$ if$(sLast=\emptyset \vee (e\leftarrow e_p.\mathrm{CW}()).pair.vert\in\partial\mathcal{P}\wedge($射线 $e\cap sLast.pair)\neq\emptyset)\{$

$\qquad rlast\leftarrow e_r;$

$\qquad fLast\leftarrow pf_1.next;$

$\quad\}$else // 图 1-64

$\qquad rlast\leftarrow\emptyset;$

$\quad\}$// 探测边被其他边切割，需要删除此探测边并取其顺时针方向邻边作为新的探测边进行下一循环

$\quad\}$

$\}$

3.5.3 public HE_edge regionFusion()$\{$ $\quad$ //子区域融合处理

if$(locked)$ // 该区域已被融合或正处于融合处理过程中

$\quad$ return $quad;$

$locked\leftarrow true;$

$pr[]\leftarrow\mathrm{preTreatment}();$ //预处理(§3.5.2)以获取起始探测边 pr_0 与包围此边的环(右首边 pr_1)；

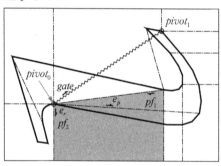
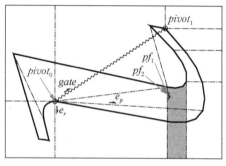

(a) pf_1、pf_2 初始位置 $\qquad\qquad$ (b) pf_1、pf_2 后续位置

图 1-63 e_p 前方边搜索(外包菱形在无限远处,余同)

$pr_1.prev.\mathrm{link}(pr_0);$

$gate.pair.\mathrm{link}(pr_1);$ // 调整邻边关系记录(排除折叠剖分的折叠部分)；

$pr_1\leftarrow\emptyset;$ // 将 pr_1 作为扫描处理(§3.5.6)中起始扫描边,清空则从探测边的上一条边 $pr_0.prev$ 开始

$\quad$ while$(pr_0.prev.vert\in\partial\mathcal{Q})$

$\qquad pr_0.prev.\mathrm{remove}();$

$\quad$ for$(v_L\leftarrow\emptyset; true;)\{$ $\quad$ // 清空减半处理起始点 v_L 记录,并对子区域被替代的环的各边进行循环处理

$\qquad$ if$(\mathrm{isPivot}(pr_0.vert))\{$ // 有可能进入了 regionFusion

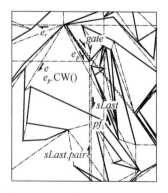

图 1-64 (射线 $e\cap sLast.pair)=\emptyset$

()嵌套调用的调用者所在的子区域

$rCaller \leftarrow pr_0. vert. region$；

if($rCaller \neq this$) {

 if($pr_0. vert = rCaller. pivot_1$)

  while($pr_0. pair. vert \in \partial \mathcal{Q}$)

   $pr_0 \leftarrow pr_0. remove()$；

 if($pr_0 = rCaller. gate. pair$){ // 嵌套调用的调用者提前完成融合

  $v_L \leftarrow pairMergeChainsL(pr_0, v_L)$；// （§3.5.5）

  $pr_0 \leftarrow pr_0. prev$；

  $rCaller. postTreatment(pr_0)$；// （§3.5.4）

  $rCaller. linked. cross \leftarrow \emptyset$；

  $pr_0 \leftarrow pr_0. next$；

  $pr_1 \leftarrow \emptyset$；

 }else if($pr_0 = rCaller. gate$

  $\vee pr_0. vert = rCaller. pivot_0 \wedge pr_0. pair. vert \in \partial \mathbf{Q}_{rCaller}$) // 进入另一个子区域

  if(crossMeltFinishInAdvance(pr, $rCaller$)) // （§3.5.14）

   return $quad$；

 }

}

while($pr_0. pair. vert \in \partial \mathcal{Q}$)

 $pr_0 \leftarrow pr_0. remove()$；

$e_p \leftarrow pr_0$；

$e_F[] \leftarrow CWsweeping(pr)$；// （§3.5.6）获取前方边顺时针扫描结果

if($e_p \neq pr_0$)

 $v_L \leftarrow \emptyset$；

if($e_F = \emptyset$){ // 提前结束嵌套调用

 while(! withinRegion1($pr_1. pair. vert$)) // （§3.5.11）

  $gate. endCCW(). remove()$；// 删除 $gpp(gate. pair. prev)$而扩大本区域范围以包含 pr_1

 break;// 中断 for 循环

}

if(($e_p \leftarrow pr_0$). $vert = pivot_1 \wedge \neg((e_p \cap e_{F0}) \neq \emptyset \wedge removable(e_p, e_{F0}))$)// 融合到被替代环的终点

 break; // 中断 for 循环

if($e_{F1} = \emptyset$){ // 前方有子区域，需要提前处理该子区域

 $v_L \leftarrow pairMergeChainsL(e_p, v_L)$；// （§3.5.5）

 $r \leftarrow e_{F0}. vert. region$；

if(crossMeltFinishInAdvance(pr, r)) //（§3.5.14）
  return $quad$;
  continue;
}
if($e_{F0}=e_{F1}$){ //探测边 e_p 与前方边的起点 $e_{F0}.vert$ 共线
  v_L←pairMergeChainsL(e_p, v_L); //（§3.5.5）
  pr_1←∅;
  v_n←$e_p.pair.vert$, v_f←$e_{F1}.vert$;
  if($v_n=v_f$)
    if($v_n=pivot_1$)
      break; // 中断 for 循环
  $Partition.$middle(e_{F1}, e_p); //（§3.2.7）
  pr_0←($v_f≠v_n∧v_f$ 位于 e_p 边之内)? $e_p.$remove() : $e_p.next$;
  continue; // 继续 for 循环
}
pr_1←$e_{F0}.next$; // 记录扫描处理（§3.5.6）中接续扫描边
if($e_{F0}≠gate∧e_{F1}≠e_p∧(e_p∩e_{F0})≠∅$){ // e_p 与 e_{F0} 相交
  if(removable(e_p, e_{F0})){ //（§3.5.18）
    if(isPivot($e_{F1}.vert$)∧$e_{F0}.vert≠pivot_0$∧→(r←$e_{F1}.vert.region$)$.locked$
      ∧[$e_p∩e_{F0}.$endCCW()]≠∅∧$e_{F1}.vert≠r.pivot_0$∧$θ(e_{F0}.pair)>π$) // 图1-
65，若 e_{F0} 被删除，则前方边在另一子区域且不可见

        $e_{F0}.$treatConcavePair(); //（§3.4.4）
    if($v_L=∅$) // 将被删除的前方边 e_{F0} 是当前探测
边 e_p 所删除的第一条边
      v_L←$e_{F1}.vert$;
    $e_{F0}.$remove();
    toP_1←∅;
  } else {
    if($e_p∈∂\mathscr{P}$) // 探测边不是对角线而是多边形边
界边

图 1-65 $e_p∩g≠∅∧θ(e_{F0}.pair)>π$

      抛出异常"多边形自相交!"，结束剖分
    v_L←pairMergeChainsL(e_p, v_L); //（§3.5.5）
    if(isPivot($e_p.vert$)){ // 探测边的起点在另一子区域
      r←$e_p.vert.region$;
      if(→$r.locked∧e_p.vert=r.pivot_0∧r.$withinRegion0($e_p.pair.vert$)){ //
（§3.5.10）
        if(crossMeltFinishInAdvance(pr, r))

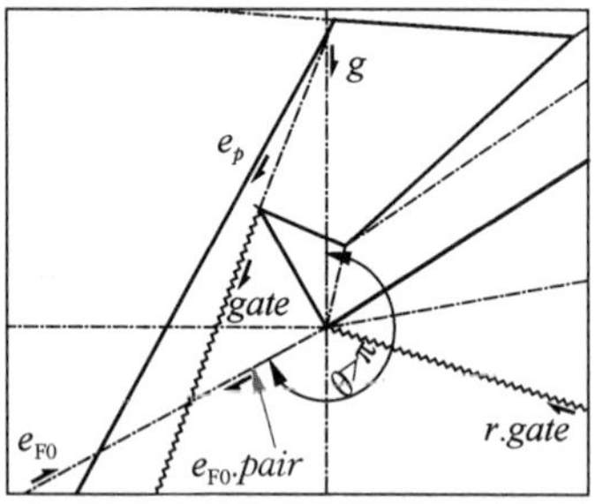

　　　　　return $quad$;

　　　　　　continue; // 继续 for 循环

　　　　}

　　　}

　　　while$((pr_0 \leftarrow pr_0 . \text{remove}()) \in \pmb{D} \wedge (pr_0 \bigcap e_{F0}) \neq$
$\varnothing \wedge \neg \text{removable}(pr_0 , e_{F0}))$ // (§3.5.18)

　　　　　;

　　}

　　continue; // 继续 for 循环

} // 以下是 e_p 与 e_{F0} 不相交

$v_L \leftarrow \text{pairMergeChainsL}(e_p , v_L)$; // (§3.5.5)

if$(pr_1 \neq e_p)\{$　　// 对于 e_p 处于凹链的情况,起始扫描边自上一次扫描结束位置
$e_{F0} . next$ 处

　　if$(toP_1 = \varnothing \wedge e_{F0} . vert = pivot_1 \wedge \theta(pr_1) \geqslant \pi)$

　　　$toP_1 \leftarrow e_{F0}$;

　　if$(\theta(e_p) < \pi \wedge \theta(e_p . next) < \pi \wedge e_p . \text{CCW}()$与$e_p . next$间的夹角$< \pi)$ // 图 1-66

　　　$pr_1 \leftarrow e_p$;

}

　$pr_0 \leftarrow e_p . next$;// 继续 for 循环

}

postTreatment(pr_0); //进行融合后处理(§3.5.4)

return $quad$;

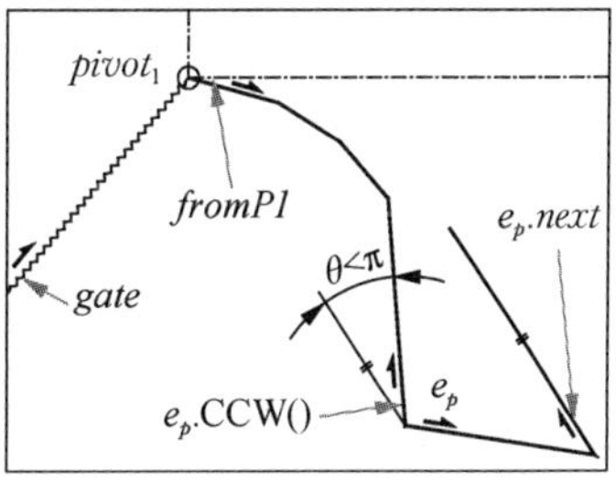

}

图 1-66　$\theta(e_p . \text{CCW}() , e_p . next) < \pi$

3.5.4　private void postTreatment$(e_p)\{$　　//子区域融合后处理

$e_r \leftarrow e_p . next$;

$outerQ \leftarrow e_r . vert = pivot_1 \wedge e_r . pair . vert \in \partial \pmb{Q} \wedge e_r . pair . vert \notin \partial \pmb{Q}_{current}$;

if$(outerQ)$ // 图 1-67

　do{　　// 0～3 次循环

　　$e_r \leftarrow e_r . \text{remove}()$; // 清除 $pivot_1$ 周围至根区域外包菱形的连接

　} while$(e_r . pair . vert \in \partial \pmb{Q} \wedge e_r . pair . vert \notin \partial \pmb{Q}_{current})$;

for$(e_r \leftarrow gate . \text{CW}() ; e_r \neq gate ;)$ // 0～3 次循环

　$e_r \leftarrow e_r . \text{remove}()$; // 清除 $pivot_0$ 周围的所有至外包菱形的多余的连接

$e_r \leftarrow gate . next$;

$outerG \leftarrow e_r . pair . vert \in \partial \pmb{Q}_{current} \wedge e_r . next . pair . vert \in \partial \pmb{P}$; // 图 1-68

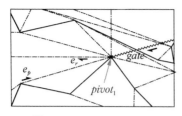

图 1-67 $e_r.\,pair.\,vert\in\partial\mathbb{Q}$

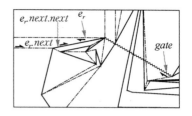

图 1-68 $outerG=true$

// 该 gate 在外围, 否则 $\in\partial\mathbb{Q}_{current}$

while($e_r.\,pair.\,vert\in\partial\mathbb{Q}_{current}$){   // 0~3 次循环

　$rccw\leftarrow e_r.\,\mathrm{endCCW}()$;

　if($rccw.\,vert\in\partial\mathscr{P}\wedge\theta(rccw)\geqslant\pi$) // (图 1-69(a))

　　$e_r.\,\mathrm{CW}().\,\mathrm{addDiagCheck}(rccw)$; // (图 1-69(b))

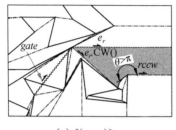

(a) $\theta(rccw)>\pi$

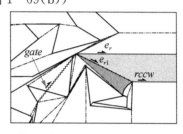

(b) $e_r.\,\mathrm{CW}().\,\mathrm{addDiagCheck}(rccw)$

图 1-69 至外包菱形的凹环增加连线

　$e_r\leftarrow e_r.\,\mathrm{remove}()$; // 清除 $pivot_1$ 周围至本区域外包菱形的连接

}

$e_r\leftarrow(e_p=gate.\,pair)\,?\,e_p.\,\mathrm{CW}()\,:\,\varnothing$;

if($cross\neq\varnothing$) // 本融合处理过程是嵌套调用

　$cross\leftarrow(e_r\neq\varnothing)\,?\,e_r\,:\,(e_p.\,pair.\,vert=pivot_1)\,?\,cross.\,next\,:\,e_p$;

$gn\leftarrow gate.\,next$;

$gate.\,\mathrm{remove}()$;

$pivot_0.\,\mathrm{setPivot}(\varnothing)$;

$pivot_1.\,\mathrm{setPivot}(\varnothing)$;

$pivot_0\leftarrow pivot_1\leftarrow\varnothing$;

if($outerG\wedge\theta(gn)\geqslant\pi$)// 图 1-70

　$\mathrm{CWsweeping}(\{gn,\varnothing\})$; // (§3.5.6)

if($outerQ$) // 图 1-71

　$\mathrm{CWsweeping}(\{e_p.\,next,\varnothing\})$; // (§3.5.6)

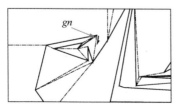

图 1-70 $outerG\wedge\theta(gn)>\pi$

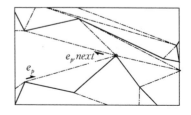

图 1-71 $outerQ=true$

if($cross=\emptyset$)

  if($e_r\neq\emptyset$) {

    if($\theta(e_r.next)\geqslant\pi$)

      $e_r\leftarrow e_r.next$;

    CWsweeping($\{e_r,\emptyset\}$)；//（§3.5.6）

  }else if($e_p.next.pair.vert\in\partial\mathcal{Q}$){   // 图 1-72

    for ($e_p\leftarrow e_p.next$; $e_p.pair.vert\in\partial\mathcal{Q}$;) // 0~3 次循环

      $e_p\leftarrow e_p.remove()$;

    CWsweeping($\{e_p,\emptyset\}$)；//（§3.5.6）

  }

$guard\leftarrow\emptyset$;

$pivot\leftarrow\emptyset$;

}

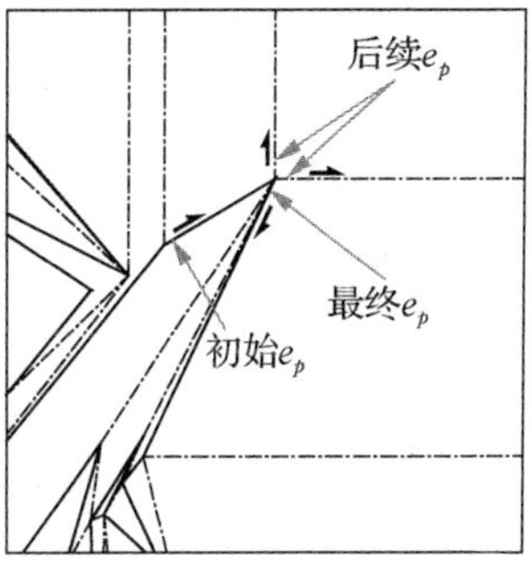

图 1-72 $e_p.next.pair.vert\in\partial\mathcal{Q}$

3.5.5   private HE_vert pairMergeChainsL(e_p,v_L) {   //左侧减半合并

if($v_L\neq\emptyset$) //左侧减半合并起始点非空

  Partition.pairMergeChainsL(e_p,v_L)；//（图 1-20）

return $\emptyset$;

}

3.5.6   private HE_edge[] CWsweeping (p[]) {   //顺时针扫描

$e_p\leftarrow p_0$;

if($p_1=\emptyset$)

  $p_1\leftarrow p_0.prev$;

while(*true*) { // 自 e_p 前导边至与射线 e_p 相交的边进行循环

  if($p_1.next\neq e_p\wedge$射线 $e_p\cap p_1\neq\emptyset$){

    if(p1IsGate(p)) //（§3.5.13)需要嵌套调用 regionFusion()

      return $\{p_1,\emptyset\}$;

    if($\neg e_p.onLeft(p_1.vert)\wedge onRight(p)$) //（§3.5.17）

      break;

  }

  if($pivot_0=\emptyset\vee e_p\neq gate.pair\vee p_1.prev.vert\neq pivot_1$){

    if($p_1.vert=e_p.vert$)

      break;

    $pn\leftarrow p_1$;

    if(prevIsGate(p,p_0))//（§3.5.12)需要嵌套调用 regionFusion()

      return $\{p_1.prev,\emptyset\}$;

    if($toP1=pn\wedge p_1\neq pn$)

```
        toP1←ø;
    if(p₁.vert=pivot₁ ∨ ¬prevNotGate(p₁))//（§3.5.7）
        break;
}
if(射线 eₚ ∩ (p₁←p₁.prev)≠ø ∧ θ(eₚ)<π){
    if(p1IsGate(p)) //（§3.5.13)需要嵌套调用 regionFusion()
        return { p₁，ø };
    if(¬eₚ.onLeft(p₁.vert) ∧ onRight(p)){        //（§3.5.17）
        if(p₁.vert∈∂ℚ){
            r←p₁.next.vert.region;
            if(r≠ø ∧ ¬r.locked ∧ θ(p₁.next)≥π ∧ eₚ ∩ p₁≠ø){        // 图 1－73
                r.regionFusion();
                p₁←p₀.prev;
                continue;
            }
        }
    }
    break;
```

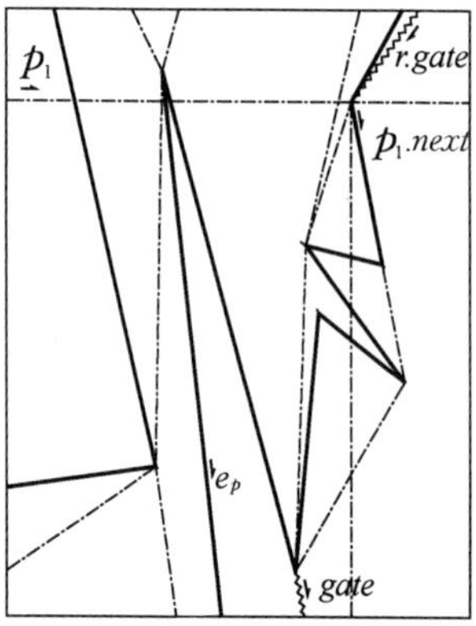

图 1－73   θ(p₁.next)≥π ∧ eₚ ∩ p₁≠ø

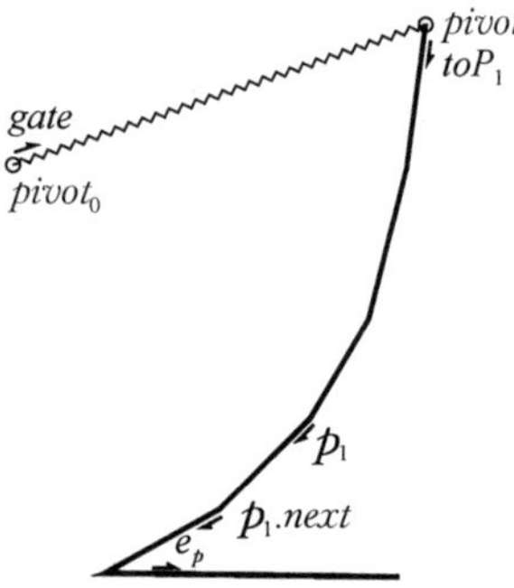

图 1－74   θ(p₁)>π ∧ θ(p₁.next)>π

```
}
    if(p₁.next=eₚ)
        continue;
}
if(toP1≠ø ∧ toP1≠p₁ ∧ θ(p₁)≥π ∧ θ(p₁.next)≥π) {        // 图 1－74
    p₁←toP1;
    break;
}
if(prevNotGate(p₁)){        //（§3.5.7）
```

while($\theta(e_p.prev) \geqslant \pi \wedge \theta(p_1.next) < \pi$){　　// 双凹链左侧循环(图1-75)

　　$pnn \leftarrow (pn \leftarrow p_1.next).next$;

　　while(prevNotGate(p_1) $\wedge$ $p_1.vert \neq pivot_1$ $\wedge \rightarrow pnn.$inFan(p_1)

　　　　$\wedge (pp \leftarrow p_1.prev).$inFan($pn$)) // 双凹链右侧循环

　　　if(isPivot($pp.vert$) $\vee$ $pn.$inFan(pp))

　　　　$p_1 \leftarrow pp.$addRing(pn);

　　　else{

　　　　while($\rightarrow$[isPivot($pp.prev.vert$) $\vee$ $pn.$inFan($pp.prev$)])

　　　　　$pp \leftarrow Partition.$mendChain($pp.prev$, p_1);

　　　　if($pp.prev.$inFan(p_1))

　　　　　$p_1 \leftarrow Partition.$mendChain($pp.prev$, p_1).addRing(pn);

　　　　else{　　// 图1-76

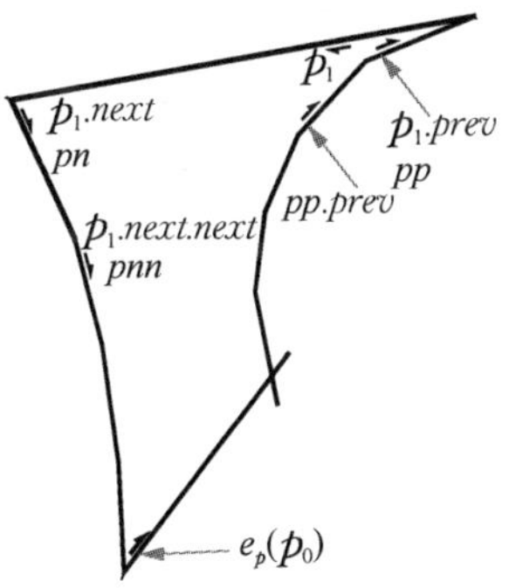

图1-75 $\theta(e_p.prev) > \pi \wedge \theta(p1.next) < \pi$　　　　　图1-76 $\rightarrow pp.prev.$inFan(p_1)

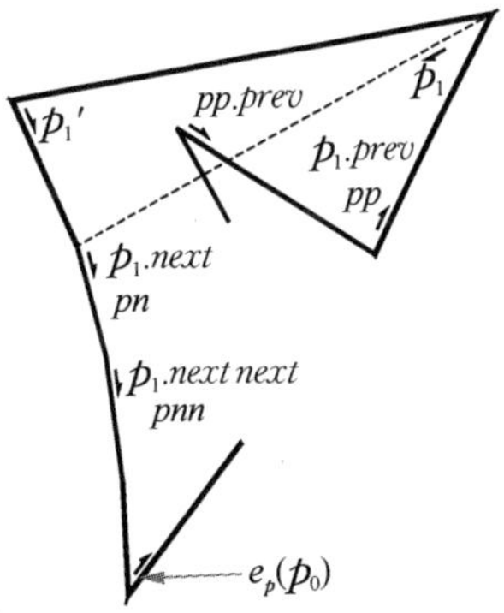

　　　　　$p_1 \leftarrow$ delete(p_1); // (§3.5.8)

　　　　　$pnn \leftarrow (pn \leftarrow p_1.next).next$;

　　　　　break;

　　　　}

　　　}

　if($\rightarrow pnn.$inFan(p_1))

　break;

　if(prevIsGate(p, pnn))// (§3.5.12) 需要嵌套调用 regionFusion()

　　return { $p_1.prev$, ø };

}

if($p_1.vert = pivot_1$) {

　if($p_1.pair.vert \in \partial \mathcal{Q} \wedge \theta(p_1.next) \geqslant \pi$)

　　$p_1.next.$remove();

}else if($p_1.prev.vert \neq pivot_0 \wedge p_1.prev.vert \neq pivot_1 \wedge p_1.next \neq e_p \wedge \theta(p_1.next)$

$<\pi \wedge [p_1. next=e_p. prev \vee \theta(e_p. prev)<\pi] \wedge \theta(p_1. prev) \geqslant$
$\pi \wedge \neg e_p. inFan(p_1. prev))\{ //$ 图 1 - 77

  while$(p_1. vert \neq pivot_1 \wedge \neg e_p. inFan(p_1 \leftarrow p_1.$
$prev) \wedge p_1. inFan(e_p. prev) \wedge prevNotGate(p_1))$

    $p_1 \leftarrow p_1. addRing(e_p. prev); //$ 右首凹链循环

   if$(p_1. next \neq e_p. prev)$

    if$(e_p. prev \bigcap p_1 \neq \emptyset)\{$

     $p_1 \leftarrow delete(e_p. prev); //(\S 3.5.8)$

     continue;

    $\} else \{$

图 1 - 77　$\neg e_p. inFan(p_1. prev)$

     $pp \leftarrow e_p. prev. prev;$

     if$(pivot_0 \neq \emptyset \wedge pp$ instanceof Gate $\wedge pp \neq gate. pair$

      $\wedge (r \leftarrow pp. vert. region). gate. pair=pp \wedge r. ringTrapCW(p)) // \S 3.5.16$

     return $\{pp, \emptyset\}; //$ 需要嵌套调用 r 区域融合过程，否则，r 区域将不能正
确融合

     $p_1 \leftarrow Partition. mendChain(p_1, e_p. prev);$

    $\}$

   $\}$

  $\}$

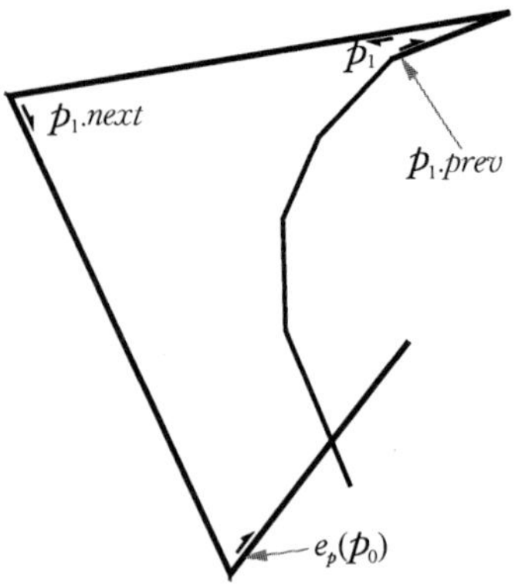

  while$(p_1. vert \neq pivot_1 \wedge p_1. next \neq e_p \wedge prevNotGate(p_1) \wedge \theta(p_1)<\pi$

  $\wedge \theta(p_1. next)<\pi \wedge (\neg (pn \leftarrow p_1. next. next). inFan$
$(p_1) \vee pn \neq e_p \wedge \{\neg e_p. inFan(p_1) \vee [q \leftarrow new Chain(p_1, e_p).$
$quasiTangentFromHead()] \neq pn \wedge q \neq e_p \wedge \neg q. inFan$
$(p_1)\}))\{$ $//$ 图 1 - 78

   if$(p_1. prev. vert=pivot_1 \wedge pn. vert=pivot_1)\{$

    $p_1 \leftarrow p_1. prev;$

    return $\{p_1, p_1\};$

   $\}$

   if$(e_p. vert=pivot_0 \wedge e_p. vert=p_1. prev. vert)$

    $p_1. prev. remove();$

图 1 - 78　$\neg e_p. inFan(p_1)$

   else $\{$

    if$(p_1. prev. inFan(p_1. next) \vee p_1. next. vert. isPivot() \wedge p_1. vert \in \partial \mathcal{Q})\{$

     if $(p_1. prev. vert=pivot_1 \vee p_1. vert \in \partial \mathcal{Q} \wedge p_1. prev. vert. isPivot() \vee p_1. next.$
$inFan(p_1. prev)) //$ 图 1 - 77

      $p_1 \leftarrow p_1. prev. addRing(p_1. next);$

     else if$(p_1. onLeft(p_1. prev. prev. vert)) //$ 图 1 - 79

      $p_1. prev. prev. addRing(p_1);$

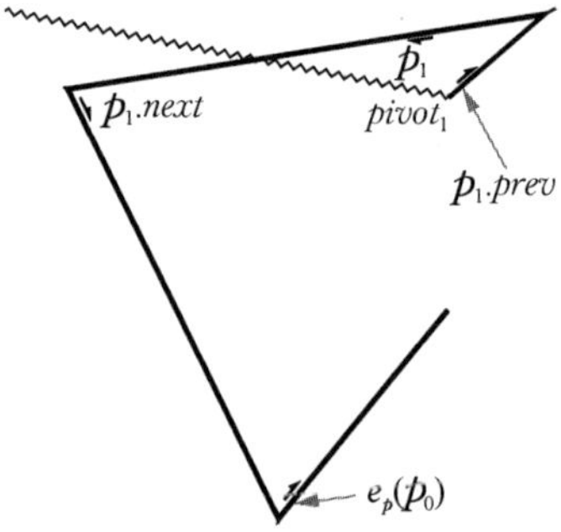

```
    else {        // p₁ ∩ p₁. prev. prev≠∅, 图 1 - 80
        p₁←delete(p₁); // (§3.5.8)
        break;
    }
} else {
    if([p₁. next ∩ (q←p₁. prev)]≠∅){// 图 1 - 81
        if(p₁ p=q)
            return { p₁. next, p₁. next. next };
        p₁←delete(p₁. next); // (§3.5.8)
        if(q. pair≠∅ ∧ q. vert= pivot₁ ∧ q. pair. vert∈∂𝒬 ∧ q. next. next ∩ q≠∅){
            p1p←q;
            return { p₁, p₁. next };
        }
        break;
    // 否则,见图 1 - 82
    while((pn←p₁. next. next). inFan(p₁))
        p₁←p₁. addRing(pn);
    }
  }
 }
}
```

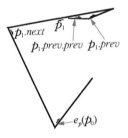

图 1 - 79 $p_1.$ **onLeft**($p_1.$ **prev. prev. vert**)

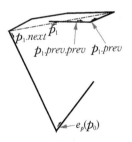

图 1 - 80 $p_1 \cap p_1.$ **prev. prev≠∅**

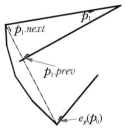

图 1 - 81 $p_1.$ **next** $\cap$ $p_1.$ **prev≠∅**

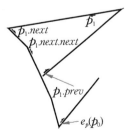

图 1 - 82 $p_1.$ **next** $\cap$ $p_1.$ **prev=∅**

if(p_1. vert≠$pivot_1$){

if(cross≠ø∧$pivot_0$≠ø∧(gpp←gate. endCCW())≠e_p∧gpp. prev≠e_p∧gpp. next≠e_p∧[p_1. next=e_p∨(e_p∩p_1)=ø]

∧{e_p. vert=gpp. vert∨[射线($gpppp$←gpp. pair)∩e_p]≠ø //图1-83、图1-84、图1-85

∧[θ(e_p. next)≥π∨(射线 $gpppp$∩e_p. next. pair)=ø]})

if(e_p. onLeft(gpp. vert)){ // 射线相交但边不相交

if((el←p_1). vert∈∂$\mathcal{Q}$∧el. pair. vert∈∂$\mathcal{P}$ // p_1 起点在外包菱形

∨p_1. vert=$pivot_0$∧(el←p_1. next). vert∈∂$\mathcal{Q}$){ // 图1-85，p_1 终点在外包菱形

em←$Partition$. mendChain((lm←el. CW()). next, lp←el. pair);

while(em. vert≠$pivot_1$∧em. vert∈∂$\mathcal{P}$) //两两合并至外包菱形的对角线

em←$Partition$. mergChains($Partition$. mendChain((lm←lm. remove()). next, em), em, lp);

if(em. vert=$pivot_1$){

el. remove();

p_1←ø;

return CWsweeping(p);

}

}

}else{ //边相交

if(gpp∈$\mathcal{D}$) //图1-84

gpp. remove(); // 因 p_1. vert≠$pivot_1$，无法返回空 ø 以提前结束嵌套

// 调用(见下文)，只能将 gpp 删除以释放出新的 gate. endCCW()

else{

while(p_0∈$\mathcal{D}$∧{[p_0←p_0. remove()]∩gpp}≠ø);

if(p_0∩gpp≠ø)

抛出异常"多边形自相交!"，结束剖分

return CWsweeping(p);

}

}

}else{

v←(pn←e_p. next). vert；

if(cross≠ø∧(e_p=p_1. next∨e_p∩p_1=ø)){ // (图1-61)对于嵌套调用

$gpppp$←(gpp←gate. endCCW()). pair;

if(e_p. vert≠$pivot_0$∧([p_1. next=e_p∨θ(p_1. next)≥π∧θ(e_p. prev)≥π])

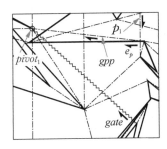

图 1-83　$e_p. vert = gpp. vert$

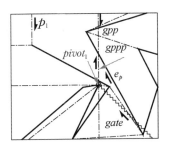

图 1-84　(射线 $gppp \cap e_p) \neq \emptyset$

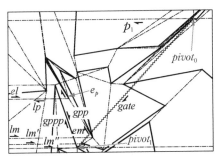

图 1-85　$e_p. \text{onLeft}(gpp. vert)$

// e_p 紧邻 $pivot_1$ 或 p_1 至 e_p 是纯凹链

$\wedge$ (withinRegion1($p_1. pair. vert$) // p_1 未超出本区域(§3.5.11)

　$\vee v \neq gpp. vert \wedge \{p_1 = P1 ? isDiag$

　　: $[e_p. vert = gpp. vert \vee \text{withinRegion1}(e_p. vert)]$

　　　$\wedge [isDiag \leftarrow \text{gppIsDiag}((P1 \leftarrow p_1). pair. vert)]\})) \{$ // §3.5.20

// 若 gpp 是对角线而 p_1 超出本区域,则可能返回 $\emptyset$ 而随后删除 gpp 以扩大

本区域范围

　if($v = gpp. vert$)\{ // e_p 的终点是 gpp 的起点

　　$p_0 \leftarrow pn$；

　　return $\emptyset$; // 返回空 $\emptyset$ 以提前结束嵌套调用

　\}

　if($\neg (pn$ instanceof Gate) $\wedge pn. pair. vert \neq gpp.$

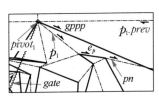

图 1-86　$p_1. \text{prev}. \text{inFan}(e_p)$

$vert \wedge [\theta(pn) < \pi \vee p_1. \text{prev}. \text{inFan}(e_p)] \wedge$ (射线 $gppp \cap pn) \neq$

$\emptyset$)// 图 1-86

　　if(passNotBack(gpp, pn))\{ // (§3.5.9)

　　　$pn \leftarrow e_p. next$; // 在 passNotBack($gppp, pn$)中,pn 可能会被改变

　　　if(($r \leftarrow e_p. vert. region$) $= \emptyset \vee r. linked \neq this \vee \neg pn. \text{inFan}(r. gate. \text{CW}())$)

　　　　$p_0 \leftarrow (r \leftarrow pn. vert. region) \neq \emptyset \wedge r. linked = this ? pn : p_1$;

　　　return $\emptyset$; // 返回空 $\emptyset$ 以提前结束嵌套调用

　　\}

if(e_p. vert $=gpp$. vert $\wedge \rightarrow$ {withinRegion1(v)

$\vee e_p \in \boldsymbol{D} \wedge$ [射线($gate. left$? $pivot_1. forth$: $pivot_1. back$) $\cap e_p. pair$] $\neq \emptyset$]

$\vee$ [$\rightarrow$(pn instanceof Gate) $\vee gate. $onLeft($pn. vert$) $\vee$ ($pn \cap p_1$) $\neq \emptyset$] $\wedge$ (射线

$gppp \cap e_p$) $\neq \emptyset$){// 图 1 - 87

　　　$pn \leftarrow e_p. prev$;

　　　if(passNotBack(gpp, e_p)){ // (§3.5.9) e_p 可能会被改变

　　　　$e_p \leftarrow pn. next$;

　　　　$p_0 \leftarrow (r \leftarrow e_p. vert. region) \neq \emptyset \wedge r. linked = this$? e_p : p_1;

　　　　return $\emptyset$; // 返回空 $\emptyset$ 以提前结束嵌套调用

　　　}

　　　$p_0 \leftarrow e_p \leftarrow pn. next$;

　　　$v \leftarrow e_p. pair. vert$;

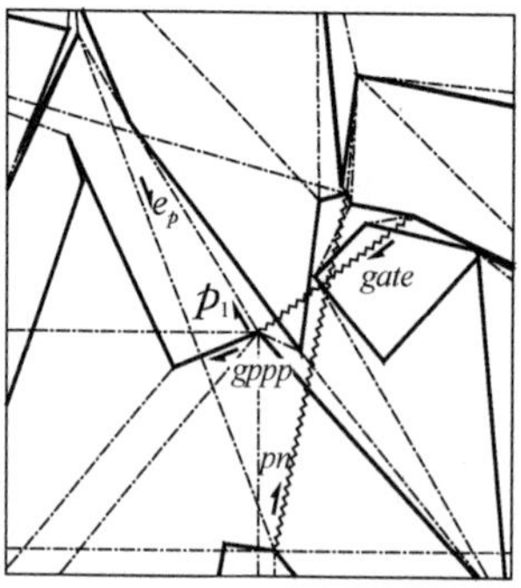

　　}

　}

}

图 1 - 87　*gate.* onLeft(*pn*)

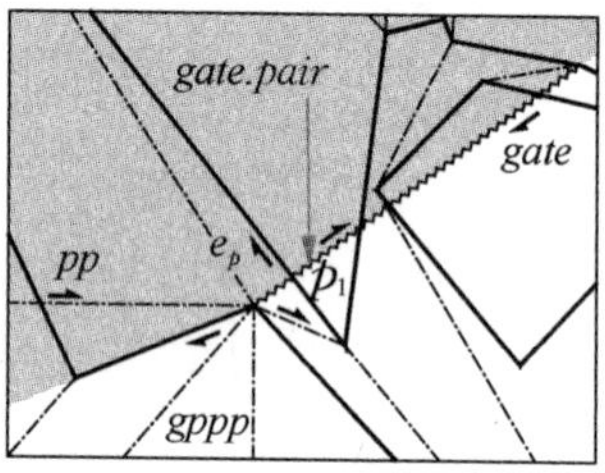

图 1 - 88　*pp.* inFan(*gate. pair*)

if(e_p. vert $= pivot_1$)

　return {p_1, p_1};

if($v = pivot_1 \vee pivot_1. $along($e_p. vert$, v))

　$p_1 \leftarrow Partition. $middle($p_1$, e_p). prev; // (§3.2.7)

if($p_1. pair. vert \in \partial \boldsymbol{P} \wedge$ [$e_p. prev = p_1 \vee$ (射线 $e_p \cap p_1$) $= \emptyset$]){

　for(; ($pp \leftarrow p_1. prev$) $\neq gate \wedge pp \neq gate. pair \wedge$ [$cross = \emptyset \vee pp. $inFan($gate.$

$pair$)]　// 图 1 - 88, pp 位于本区域之内

　　$\wedge$ (射线 $e_p \cap pp$) $= \emptyset \wedge pp. prev. $onLeft($e_p. vert$);)

　$p_1 \leftarrow Partition. $mendChain($pp$ e_p);

　if($v \neq pivot_1 \wedge$ [$p_1 = e_p \vee$ (射线 $e_p \cap p_1. prev$) $\neq \emptyset$])

　　$p_1 \leftarrow p_1. prev$;

}

}

colinear←$(pn←p_1.next)≠e_p∧$（射线$e_p∩p_1)≠∅∧p_1.vert$与e_p共线；

return $\{p_1$, colinear ? p_1：$pn\}$；

}

3.5.7　private boolean prevNotGate(p_1) {　　// 邻边不是$gate$的反向边

return $p_1.prev≠gate.pair$；

}

3.5.8　private HE_edge delete(e) {

$ret←e.next$，$p_1←e.prev.prev$；

do{　　// 对e终点所有与p_1相交的边进行循环，符合($\mathcal{C}$4)嵌套循环操作

　do{　　// 对e起点所有与p_1相交的边进行循环，符合($\mathcal{C}$4)嵌套循环操作

　if($e∈\mathcal{P}$)

　　return $ret.prev$；

　if($θ(p←e.pair)<π∧θ(p.next)<π∧θ(p.next.next)<π$)

　　$Partition$.mendChain($p.next$，$p.prev$)；// 从将要切开处连线

　else　　　　　　　// 否则有可能从将要切开处的下一条边连线,导致算法失败

　　$Partition$.middle($p.next$，p)；//（§3.2.7）

　$e←e$.remove()；// 图$1-89$(a),图$1-90$(a)

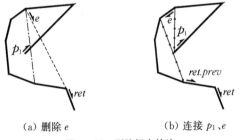

(a) 删除e　　　　　(b) 连接p_1、e

图$1-89$　删除相交的边

　$Partition$.mendChain($e.next$，ret)；

}while($e∩p_1≠∅$)；

if(p_1.inFan(e)$∧p_1$.inFan($e.next$)){

　$Partition$.mendChain(p_1，e)；// 图$1-89$(b),图$1-90$(c)

　break；

}

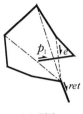
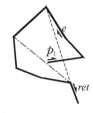
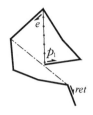

(a) 删除 e   (b) →p_1. inFan(e. next)   (c) 连接 p_1、e

图 1-90 删除后续相交的边

Partition. mendChain(p_1. *next*, e←e. *next*);// 图 1-90(b)

}while(e∩p_1≠∅);

return *ret*. *prev*;

}

3.5.9   private boolean passNotBack(*gpp*，*probe*){

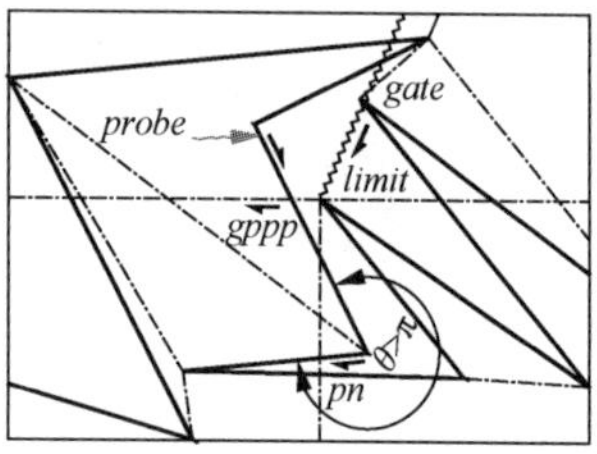

pn←*probe*. *next*, *gppp*←*gpp*. *pair*,

limit←θ(*gate*. *pair*)<π ? *gate* : *gppp*;

if(射线 *limit*∩*probe*≠∅)

  if(θ(*pn*)<π){

    if(*pn* 与 *gppp* 夹角≥π)

      return *true*;

    }else{   // 图 1-91

    for(*pnn*←*pn*; θ(*pnn*←*pnn*. *next*)≥π;)

      ;

    if(*pnn*. *next*=*gpp*){

      pn. addRing(*gpp*);

return *false*;

    }

    return *true*;

  }

图 1-91   射线 *limit*∩*probe*≠∅∧θ(*pn*)≥π

for(*b*←*true*;;*pn*←*pnn*){   // 自 *probe* 至与 *limit* 相交的边进行循环

  if(*probe*. *next*≠*pn*)

    if(*b*∧(*b*←*probe*. *prev*. onLeft(*pn*. *vert*)))// *b* 防止 *pn* 折返

      probe←*Partition*. mendChain(*probe*, *pn*); // 图 1-92(a)

    else

      Partition. mendChain(*probe*. *next*, *pn*); // 图 1-92(b)

  if(*pn* instanceof Gate∧*pn*. *vert*. *region*. *linked*=*this*){

    if(射线 *gppp*∩*pn*. *pair*≠∅∧*gate*. *pair*. onLeft(*pn*. *vert*)){

      for(*pnn*←*pn*; [*pnn*←*pnn*. CW()]. *pair*. *vert*∈∂ℚ;);// 最多循环 3 次

      if(*pnn*. onLeft(*pn*. *pair*. *vert*)∧→*pnn*. onLeft(*pivot*₁))// 图 1-93

```
        return false;
    }
    return true;
}
```

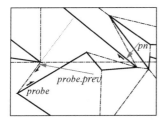 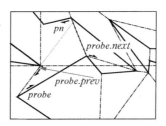

（a）*probe. prev.* onLeft（*pn. vert*）　　（b）→*probe. prev.* onLeft（*pn. vert*）

图 1 - 92　**mendChain**

if（（*pnn ← pn. next*）= *gpp* ∨ *probe.* on-Left（*pnn. vert*）∧ 射线 *gppp* ∩ *pn. pair* ≠ ∅ ∧ withinRegion（*pnn. vert*））

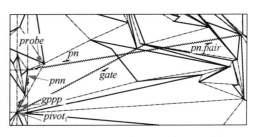

return *false*；// 图 1 - 94，*pn* 返回到子区域之内

if（射线 *limit* ∩ *pn* ≠ ∅ ∧ [θ（*pn*）≥ π ∨ →*pivot₁.* onLeft（*probe. pair. vert*，*pnn. vert*）∧ *pnn.* onLeft（*pivot₁*）]

图 1 - 93　***pn. pair. vert* 与 *pivot₁* 在 *pnn* 两侧**

∨ *limit.* onLeft（*pnn. vert*）∧ {*limit* 与 *pnn* 夹角 < π // 图 1 - 95

∨ →*pivot₁.* onLeft（*probe. pair. vert*，*pnn. pair. vert*）∧ *gate. pair.* onLeft（*probe. pair. vert*）

∧ *gate.* onLeft（*pnn. pair. vert*）

∧ →[θ（*pnn. next*）< π ∧ *pnn. next.* vector（）. dot（*limit.* vector（））> 0]}）

return *true*；
    }
}

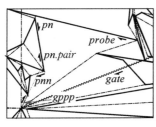 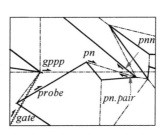

（a）*probe.* onLeft（*pnn. vert*）　　（b）→*probe.* onLeft（*pnn. vert*）

图 1 - 94　**withinRegion（*pnn. vert*）**

3.5.10　private boolean withinRegion0(v) {

$vnp \leftarrow gate.left$? $pivot_0$.prevV() : $pivot_0$.nextV();

return v.inFan($false$, $pivot_0$, $gate$.CW().$pair.vert$, vnp);

}

3.5.11　private boolean withinRegion1(v) {

$vnp \leftarrow gate.left$? $pivot_1$.nextV() : $pivot_1$.prevV();

return v.inFan($false$, $pivot_1$, vnp, $gate$.endCCW().$vert$); // 图 1-96

}

3.5.12　private boolean prevIsGate($p[\,]$, pnn) {

$pp \leftarrow p_1.prev$, $p1 \leftarrow p_1$;

$p_1 \leftarrow Partition$.mendChain(p_1, pnn);

return $pivot_0 \neq \varnothing \wedge pp$ instanceof Gate $\wedge pp \neq gate.pair \wedge (r \leftarrow pp.vert.region).gate.$
$pair = pp \wedge (p_0 \in \partial \mathcal{P} \wedge p_0 \bigcap pp \neq \varnothing$ // p_0 是多边形边界边且与另一子区域出入口相交,需嵌
套调用 r 区域融合过程

　　　　　$\vee p1 = p_1 \wedge \theta(p_0) \geqslant \pi \wedge p_0$.inFan($pp$) $\wedge r$.ringTrapCCW(p)); // 图 1-97,p_0
在阴影内(§3.5.15)若返回 $true$ 则嵌套调用 r 区域融合过程

　　　　　// 说明:对于任意一个特定的子区域 r,§3.5.15 函数仅会被调用一次。因
为,如果该调用返回 $true$,则嵌套调用 r 区域融合过程,该区域被合并;若返回 $false$,则该
区域 gate 端点将被连接成环,从而 r 区域被遮蔽,不会再次遭遇。符合(**C**5)一次性循环
操作

}

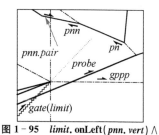

图 1-95　$limit$.onLeft($pnn.vert$) $\wedge$
$gppp$ 与 pnn 夹角$<\pi$

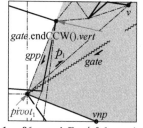

图 1-96　v.inFan ($false$, $pivot_1$,
vnp, $gpp.vert$)

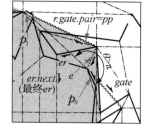

图 1-97　$\theta(p_0) \geqslant \pi \wedge p_0$.inFan($pp$)

3.5.13　private boolean p1IsGate($p[\,]$) {

return $pivot_0 \neq \varnothing \wedge p_1$ instanceof Gate $\wedge p_1 \neq gate.pair \wedge p_1.next = p_0.prev$

　　　　$\wedge (r \leftarrow p_1.vert.region).gate.pair = p_1 \wedge \neg p_0$.inFan($p_1$)

∧r. ringTrapCW(p);// 图 1-98(§3.5.16),对于任
意一个特定的子区域 r,§3.5.16函数仅会被调用一次。见
§3.5.12说明。若返回 *true* 则嵌套调用 r 区域融合过程
}

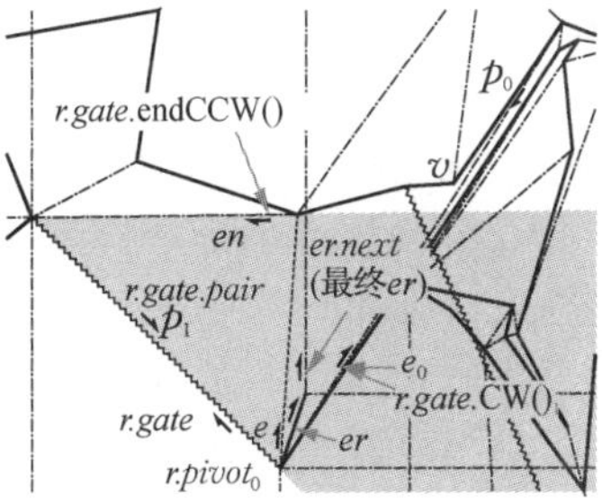

图 1-98 p_0. inFan(p_1)

3.5.14 private boolean crossMeltFinishInAdvance
        ($pr[\,]$, r){

linked←r;

r. *cross*←pr_0. *prev*;

r. regionFusion(); // 嵌套调用子区域融合函数

if(*pivot*=ø) // 在 r. regionFusion()过程中嵌套调用的调用者 this

   return *true*; // 提前完成融合

pr_0←r. *cross*;

pr_1←ø;

return *false*;

}

3.5.15 private boolean ringTrapCCW($p[\,]$){   // 对于任意一个特定的子区域,
        本函数仅会被调用一次

er←p_1. *pair*. *vert*. orientateCCW(*gate*. endCCW(). *pair*); // 图 1-97 折叠剖分中的
定向,绕 *pivot*$_1$ 循环

e←*gate*. *pair*. addDiag(p_1. *next*); // 建立临时连接线

while($[$射线 $e\bigcap(er$←er. *next*)$]$=ø);// 符合(ℂ5)一次性循环操作

e. remove();

return er. *vert*∈∂𝒫∧er. *pair*. *vert*∈∂𝒫∧er. onLeft(p_1. *pair*. *vert*); // p_1 的终点在环
er 内

}

3.5.16 private boolean ringTrapCW($p[\,]$){   // 对于任意一个特定的子区域,
        本函数仅会被调用一次

en←*gate*. endCCW(), er←en, $e0$←p_0. *prev*; // 图 1-98

v←p_0. *pair*. *vert*;

while($\theta(en)\geqslant\pi$∧en. onLeft(*pivot*$_0$)∧en. *vert*. onLeft(*pivot*$_0$, v))

  en←en. *prev*;

if($er\neq en$∧$[en$. *vert*∈∂𝒬∨¬en. onLeft(*pivot*$_0$)∨¬en. *vert*. onLeft(*pivot*$_0$, v)$]$)

  en←en. *next*;

if(p_0. *vert*=en. *vert*)

  return *false*;

er←en. *vert*. orientateCW($e0$. CW()); // 折叠剖分中的定向,对 *pivot*$_0$ 周围的环循环

$e \leftarrow e0.\,\mathrm{addDiag}(en)$; // 建立临时连接线

if$((r \leftarrow en.\,vert.\,region) \neq \emptyset \wedge r.\,locked)\{$

  if$(p_0 \bigcap e.\,pair \neq \emptyset)$

    $e.\,remove$;

  else

    $p_1 \leftarrow e.\,pair$;

  return $false$;

$\}$

while$(\lceil$射线$e \bigcap (er \leftarrow er.\,next) \rceil = \emptyset)$;// 符合$(\mathcal{C}5)$一次性循环操作

$e.\,remove$;

if $(er.\,vert \in \partial \mathcal{P} \wedge er.\,pair.\,vert \in \partial \mathcal{P} \wedge er.\,\mathrm{onLeft}(en.\,vert))$ // en 的起点在环er 内

  return $true$;

if$(en.\,vert.\,\mathrm{onLeft}(pivot_0,\,v) \wedge e0.\,\mathrm{inFan}(en))$

  $p_1 \leftarrow en.\,\mathrm{addDiagCheck}(e0)$;

return $false$;

$\}$

3.5.17   private boolean onRight($p[\,]$) {   //边保持在 p_0 右前侧

if$(p_1.\,vert \neq pivot_1)\{$

  $v0 \leftarrow p_0.\,pair.\,vert$;

  for$(e \leftarrow p_1;\, \rightarrow p_0.\,\mathrm{inFan}(e) \wedge (e \leftarrow e.\,prev) \neq gate \wedge (v \leftarrow e.\,vert) \neq p_0.\,vert$

    $\wedge \lceil \rightarrow e.\,\mathrm{onLeft}(v0) \vee \mathrm{isPivot}(v) \wedge e.\,pair.\,vert \in \partial \mathcal{Q} \wedge p_0.\,\mathrm{onLeft}(v) \rceil$ // 图 1 - 99(a)、图 1 - 99(b)

    $\wedge (p.\,length = 2 \vee e \neq p_2);)\{$ // 对 p_1 前导凹链进行循环

    if$(\lceil v0.\,\mathrm{onLeft}(v,(n = p_1.\,next).\,vert) \vee v = v0 \vee p_0.\,\mathrm{onLeft}(v) \rceil \wedge e.\,\mathrm{inFan}(n))\{$

      while$(\rightarrow \lceil \mathrm{isPivot}(v) \vee n.\,\mathrm{inFan}(e) \rceil)$

        $v \leftarrow (e \leftarrow Partition.\,\mathrm{mendChain}(e.\,prev,\,p_1)).\,vert$;

      $p_1 \leftarrow e \leftarrow e.\,\mathrm{addRing}(n)$; // 图 1 - 99(c)

    $\}$

    if $(\mathrm{isPivot}(v) \wedge p_0.\,\mathrm{inFan}(e)$

      $\wedge \lceil e.\,\mathrm{inFan}(p_0)\ ?\ \theta(p_0.\,prev) < \pi \vee \theta(e.\,next.\,next) \geqslant \pi$

        $:\ p_0.\,\mathrm{onLeft}(v) \wedge \theta(p_0.\,prev) \geqslant \pi \wedge \theta(e.\,next.\,next) \geqslant \pi \rceil)$

      $p_1 \leftarrow e \leftarrow Partition.\,\mathrm{mendChain}(e,\,p_0)$; // 图 1 - 99(d)、图 1 - 99(e)

 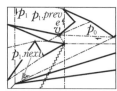

(a) $\rightarrow e.\,\mathrm{onLeft}(v)$ (b) $\mathrm{isPivot}(e.\,vert) \wedge e.\,pair.\,vert \in \partial \mathcal{Q} \wedge \cdots$ (c) $e.\,\mathrm{addDiagCheck}(n)$

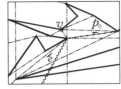

(d) $\theta(p_0. prev)\geqslant\pi$ 　　　(e) mendChain(e, p_0)

图 1-99　边从右前侧延伸至左前侧

if($v=pivot_1$){

　　if($v=p_1. vert$)

　　　while$(($e\leftarrow$p_1. next)\neq p_0 \wedge \theta(e)<\pi \wedge p_1. \mathrm{inFan}(e\leftarrow e.$

$next))$

　　　　　$p_1\leftarrow p_1. \mathrm{addRing}(e)$；

　　return $true$；

　　　}

　　if($p_0. \mathrm{onLeft}(v)\wedge[e. next=p_0 \vee \neg\mathrm{isPivot}(v) \vee \theta(e. next)\geqslant$

$\pi]$) // 图 1-100

　　　　return $false$；

　　}

　}

return $true$；

}

图 1-100　$\theta(e. next)\geqslant\pi$

3.5.18　private boolean removable(e_p, e_{F}) {

if($e_{\mathrm{F}}\in\mathcal{P}$)

　return $false$；

if($e_{\mathrm{p}}\in\mathcal{P} \vee e_{\mathrm{p}}=gate. pair \vee (v\leftarrow e_{\mathrm{F}}. vert)\in\partial\mathcal{Q}$)

// 前方边 e_{F} 是对角线

　return $true$；//探测边 e_{p} 是多边形边界边或 e_{p}

是 gate 边或 e_{F} 起点在外包菱形上

　if($v\neq pivot_0 \wedge v\neq pivot_1$){

　　if($e_{\mathrm{p}}\neq lp1 \vee e_{\mathrm{F}}. next=(e\leftarrow e_{\mathrm{p}}. prev) \vee e. \mathrm{inFan}$

(e_{F})) //图 1-101

　　　return $false$；

　for($e\leftarrow e_{\mathrm{F}}$；$(e\leftarrow e. prev)\neq lp2 \wedge e. vert. \mathrm{ispivot}$

()；) // 符合($\mathscr{C}$5)一次性循环操作

　　　；

　if($e=lp2$)

　　return $false$；

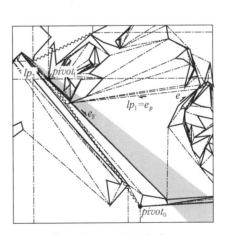

图 1-101　$\neg e. \mathrm{inFan}(e_{\mathrm{F}})$

```
    }
    lp1←e_p;
    lp2←e_F. CW();
    return true;
}
```

3.5.19 private boolean isPivot(v) {

return $v.$ isPivot() $\wedge$ gate. pair$\neq\emptyset \wedge v.$ region. gate. left$=$gate. left;

}

3.5.20 private boolean gppIsDiag($p1$) {

for($e←$gate; $\neg(e←e.$ endCCW()). vert. inFan($false$, $pivot_1$, $p1$, $pivot_0$);)

  if($e\in\partial\mathcal{P}$)

    return $false$;

return $true$;

}

3.5.21 HE_vert outV() {

$p←$new Intersect($0xf$, shield. vert, shield. pair. vert, $pivot_0$, $pivot_1$). intersection();

return $p=\emptyset$? $\emptyset$: new HE_vert(0, $p. x()$, $p. y()$); // 图 1 - 102

}

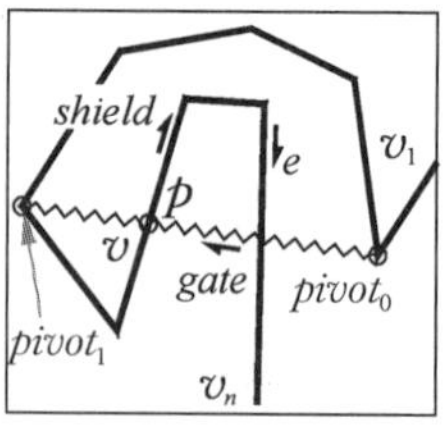

3.5.22 boolean isOut(e) {

$v←$outV();

return $v\neq\emptyset \wedge$ (gate. left ? $e\cap\overrightarrow{v,pivot_0}\neq\emptyset$: $e\cap\overrightarrow{pivot_1}\neq\emptyset$); //
图 1 - 102

}

图 1 - 102 isOut(e)

3.5.23 HE_vert intoV() {

$p←$new Intersect($0x3$, shield. vert, shield. pair. vert, $pivot_1$, $pivot_0$). intersection();

return $p=\emptyset$? $\emptyset$: new HE_vert(0, $p. x()$, $p. y()$); // 图 1 - 103

}

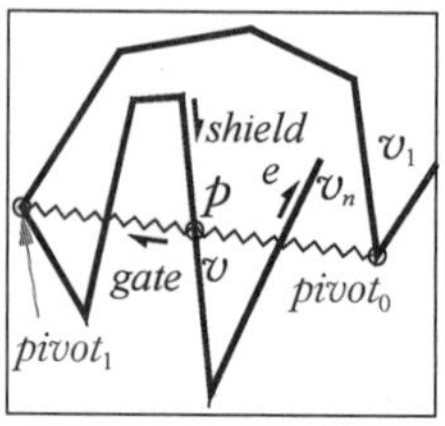

3.5.24 boolean isInto(e) {

$v←$intoV();

return $v\neq\emptyset \wedge$ (gate. left ? $e\cap\overrightarrow{pivot_0}\neq\emptyset$: $e\cap\overrightarrow{v,pivot_1}\neq\emptyset$); //
图 1 - 103

图 1 - 103 isInto(e)

```
}

    3.5.25    void setParentFirst(r,l) {
((parent←r)≠∅ ? r.children : l).addFirst(this);

}

    3.5.26    void setParentLast(r) {
(parent←r).children.addLast(this);

}
```

4. 复杂度分析

4.1 在线剖分程序复杂度分析

在在线剖分程序中,尽管有不少 for 循环和 while 循环,但大多数都是针对特定情况的局部处理,仅循环一两次或三四次,仅有少量的循环会牵涉到比较多的数据,下面简要讨论。每个顶点都要进行定向、定位、可能的对角线删减和三环、四环处理,对角线删减和环处理又包含单个链段修正与两个链段合并的处理。

4.1.1　定向的运行时间

根据定理 2.1,当前顶点 v_n 周围总可以形成 3 个或 4 个环,则下一个顶点出现时,只需使用常数时间即可实现对其定向,满足($\mathcal{C}$1)固定步数操作,故 N 个顶点的定向时间是 $O(N)$ 的。

4.1.2　由于定位时间受到对角线删减数量的影响,故先讨论对角线删减

单个顶点插入剖分时,对角线删减的时间由与 $\mathcal{P}$ 的边 e_p 相交的对角线数量 m 决定,根据定理 2.2,后续顶点与对角线相交的数量不超过 $m/2+1$,更后顶点与对角线相交的数量不超过 $m/4+1$······最多经过 $k=\log_2 m$ 次后就不会再相交,则总的删减边数为:$m+m/2+1+m/4+1+\cdots+m/2^k+1=m+m/2+m/4+\cdots+m/2^k+k$,由公式(1)可知,$m+m/2+m/4+\cdots+m/2^k+k<m/0.5+k$,又当 $m>2$ 时,$k<m/2$,故总的删减边数小于 $2.5m$,满足($\mathcal{C}$2)等比递减数列操作。根据欧拉(Euler)公式:$V+F-E=2$,即边的数量与顶点的数量成线性关系,故总的删减边数是 $O(N)$ 的。

4.1.3　定位的运行时间

是由 $\mathcal{P}$ 的边 e_p 所穿越的环的数量决定的(图 1 - 21(a)),所穿越的环分为可替代环与不可替代环两种情况:对于可替代环,其边数不超过 $THRESHOLD\times 2$,否则将被以简替繁而延后处理,故每个环的定位时间为常数;对于不可替代环,环被穿越的情况有两类,一类是由于多边形的环绕,另一类是由于顶点位于特定顶点。根据定理 2.3,这两类情况都可以经过最多两次穿越后变为紧密环或分解为 2 个边数较小的环(其中一个是紧密环另一个是松弛环)和若干个三角形,其最坏情况是松弛环的边数减半,符合($\mathcal{C}$3)递归分解系列操作。因此,

全体被穿越环的总的定位时间是 $O(N)$ 的。

4.1.4 链段修正与合并的运行时间

链段修正与合并的步数由被穿越的环与包含环两部分组成。

（1）由 $\mathscr{P}$ 的边 e_p 所穿越的环的链段修正与合并的情况：若所穿越的环是凸环，仅需要常数时间即可完成链段修正与合并，否则可能需要双向搜索以确定准切点位置。由于被穿越环的修复是一次性的（图 1-21(a)、图 1-21(b)，环被穿越后，原先的环将被分解为较小的环），因此，由穿越所引起的总的准切点定位是 $O(N)$ 的。

（2）包含 v_n 的环的内部链段修正与合并的情况：若是凸环，仅需要常数时间即可完成链段修正与合并，否则需要双向搜索以确定准切点位置。由于凹环的分解同样符合 ($\mathscr{C}3$) 递归分解系列操作，因此用于链段修正与合并的总的准切点定位是 $O(N)$ 的。

4.2 子区域融合复杂度分析

在子区域融合中，各个子区域边界上的起始边 e_p 需要单独进行定向，运算步数与 $pivot_0$ 周围的邻接边数有关，另外，当包含 e_p 边的环定向完成后，还需要确定其前方边。如果 e_p 不是多边形边界边且与前方边相交（连接至外包菱形上的前方边另行考虑）就要将 e_p 删除并取其顺时针方向的邻边作为起始边 e_p。由于各个子区域都是相互独立的，所有子区域的定向运算及前方边确定步数总和小于总的边数，因此是 $O(N)$ 的。

子区域边界上其余各条边 e_p 不需要定向，可以自 $e_p. prev$ 边顺时针扫描定位位于 e_p 前方的边，对于有多条对角线被一个 e_p 边切割或各 e_p 处于同一条凹链上的情况，则下一次扫描起始点从上一次扫描结束处的下一条边（$e_{F0}. next$）开始，避免每次都从头开始扫描，故总的步数也是 $O(N)$ 的。

对于多个子区域共同进入另一子区域的情况，由于每个子区域融合时仅与包围该子区域的边发生运算，而不是与其所进入的子区域的所有边发生运算，各个子区域融合运算相互独立，故区域融合总的复杂度仍然是 $O(N)$ 的。

5. 讨论与展望

本算法可以动态追加多边形的顶点个数，这是离线算法所无法企及的。

本算法同样可以在线性时间内完成多边形的是否有自相交的检查：考查每个与多边形边 e_p 相交的边 e_{F0}，若 $e_{F0} \in \partial \mathscr{P}$ 则多边形有自相交的边。

初步探讨表明，本算法可以拓展到三维多胞体的剖分，并有望达到 $O(N)$ 的目标。

双态环剖分是不同三角剖分间的转化中介：研究表明，最坏情况下 $O(N^2)$ 的直接通过边翻转进行的三角剖分转化，有可能通过先把三角剖分整合为双态环剖分，进而转化为所需的三角剖分，而在线性时间内完成。

双态环剖分可以方便地获得多边形的凸包：以 $\mathscr{C}_0$ 的 4 个构造顶点作为凹环顶点 $apexes$，形成 $\mathscr{P}$ 的 4 组环（图 1-104），将每组合并为一个凹环，就可以在线性时间内得到多边形的凸包。

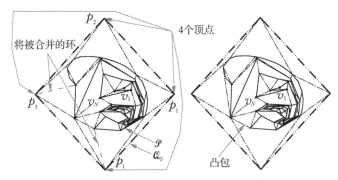

将被合并的环

4个顶点

凸包

图 1-104 合并环以获取凸包

双态环剖分是一种次最少边剖分。

预期双态环剖分还有更多的特性有待探讨。

参考文献

[1] Chazelle B. Triangulating a simple polygon in linear time[J]. Discrete and Computational Geometry, 1991(6):485-524.

[2] Demaine E D, Mitchell J S B, O'Rourke J. The Open Problems Project, 2001. http://cs. smith. edu/~jorourke/TOPP/Welcome. html.

[3] Amato N M, Goodrich M T, Ramos E A. A randomized algorithm for triangulating a simple polygon in linear time[J]. Discrete & Computational Geometry, 2001, 26(2): 245-265.

[4] Hurtado F, Noy M, Urrutia J. Flipping edges in triangulations[J]. Discrete & Computational Geometry, 1999, 22(3): 333-346.

[5] Lamot M, Žalik B. A fast polygon triangulation algorithm based on uniform plane subdivision[J]. Computers & Graphics, 2003, 27(2): 239-253.

[6] Ramanan P. A new lower bound technique and its application: tight lower bound for a polygon triangulation problem[J]. SIAM Journal on Computing, 1994, 23(4): 834-851.

[7] Kirkpatrick D G, Klawe M M, Tarjan R E. Polygon triangulation inO(n log logn) time with simple data structures[J]. Discrete & Computational Geometry, 1992, 7(4): 329-346.

[8] Asano T, Asano T, Imai H. Partitioning a polygonal region into trapezoids[J]. Journal of the ACM (JACM), 1986, 33(2): 290-312.

[9] Li F, Klette R. Decomposing a Simple Polygon into Trapezoids. In Proceedings of the 12th international conference on Computer analysis of images and patterns. Springer-Verlag, 2007:726-733.

[10] Artigas D, Dourado M C, Szwarcfiter J L. Convex partitions of graphs[J]. Electronic Notes in Discrete Mathematics, 2007, 29: 147-151.

[11] Bollobás B. Graph theory: an introductory course[M]. New York Berlin: Springer-Verlag, 1979.

[12] Chew L P, Kedem K. A convex polygon among polygonal obstacles: placement and high-clearance motion[J]. Computational Geometry, 1993(3): 59-89.

[13] Kumar Ghosh S. Computing the visibility polygon from a convex set and related problems[J]. Journal of Algorithms, 1991, 12(1): 75-95.

[14] O'Rourke J. Computational geometry in C[M]. 2nd ed. Cambridge University Press, 1998.

[15] Preparata F P,Shamos M I. Computational geometry:an introduction[M]. New York:Springer-Verlag, 1985.

[16] Faigle U, Kern W, Turan G. On the performance of on-line algorithms for partition problems[J]. Acta Cybernet. ,1989(9):107 – 119 .

[17] Bereg S. Enumerating pseudo-triangulations in the plane[J]. Computational Geometry, 2005, 30 (3):207 – 222.

[18] Champeaux D. Bidirectional heuristic search again[J]. Journal of the ACM (JACM), 1983, 30(1): 22 – 32.

[19] LaValle, S M. Bidirectional search,2006. http://planning. cs. uiuc. edu/node50. html.

[20] McGuire M. The half-edge data structure, 2000. https://www. flipcode. com/archives/The_Half-Edge_Data_Structure. shtml.

第二篇 最佳剖分算法软件使用指南

1. 软件界面

1.1 "内侧"复选框

选中则仅显示多边形内侧(图 2 - 1、图 2 - 2、图 2 - 3,每个红点是多边形起点),否则内外侧都显示(图 2 - 4)。

仅当多边形闭合时该复选框才激活。

1.2 "凸壳"复选框

选中则显示多边形凸壳(图 2 - 4),否则为剖分的自然状态(图 2 - 5)。

"内侧"复选框激活并选中后,本复选框被禁止。

1.3 "三角化"复选框

选中则显示三角剖分(图 2 - 1、图 2 - 4、图 2 - 5),否则为凹凸环剖分(图 2 - 6)。

1.4 "标尺"复选框

选中则显示标尺(图 2 - 1、图 2 - 4、图 2 - 5、图 2 - 6),否则不显示标尺(图 2 - 7)。

1.5 "填色"复选框

选中则图案填色(图 2 - 1、图 2 - 4、图 2 - 5、图 2 - 6、图 2 - 7),否则仅绘制线条(图 2 - 8)。

1.6 "端点"复选框

选中则绘制端点(图 2 - 1、图 2 - 3、图 2 - 4、图 2 - 5、图 2 - 6、图 2 - 7、图 2 - 8),否则不绘制端点(图 2 - 2)。对于多边形,端点连线为红色;对于多段线,端点连线为蓝色。

1.7 "自动播放"复选框

选中后,若按下"样例"或"随机"按钮,则自动播放样例文件或随机生成的多段线/多边形。

当"自动播放"选中时,对于随机生成的多段线/多边形,如果数据有错,如多边形自相交、顶点重合等,程序将不会停止,而是自动生成新的数据;仅当程序本身出现 bug 时才会停止。此时可以将自动生成的数据文件 random. pts 更名保存以便进行程序调试。

1.8 "文件"按钮

点击"文件"按钮,弹出"打开文件"对话框,选择并打开指定的多边形顶点数据文件。

1.9 "样例"按钮

点击"样例"按钮,显示系统自带的多边形样例。若"自动播放"复选框选中,则逐个自动播放。

1.10 "缩放"按钮

在非自动播放状态下,可以将鼠标放在图形任何位置,通过转动滚轮对图形放大或缩小,也可以按住滚轮并拖动图形。若要让图形恢复原位,则需按下"缩放"按钮。

1.11 "随机"按钮

点击"随机"按钮,显示生成的多边形。若"自动播放"复选框选中,则逐个自动生成。生成的文件保存在 random.pts 文件中。需要说明的是,数据在随机自动生成阶段并不保证是线性时间的,但在生成 random.pts 文件并对其进行剖分时,则是线性时间的。

1.12 "输出"按钮

点击"输出"按钮,将顶点坐标与凹凸环序列(顶点号,外包菱形顶点号为-1~-4)输出到"文件名"+ ".CCR"文本文件中。如果一个场景中有多条多边形/多段线,则逐条输出到"文件名"+序号+".CCR"文本文件中。

1.13 "顶点数"输入框

输入自动生成的多边形的顶点数。该数值是个大概的控制数。当顶点数达到该值后,程序开始寻找起始点以使多边形闭合。也有可能顶点数未达到该值而提前闭合。

2. 数据文件格式

数据以文本文件保存,每行一个顶点坐标"x, y",一条多段线连续多行记录。若最后一点与第一点相同,则多段线闭合成多边形。

多条多段线或多边形可以保存在一个文件中,中间以空白行隔开。为了便于在 Auto-CAD 中用 PLINE 命令进行绘制,建议空两行。

保存在同一文件中的多条多段线或多边形将在一个场景中处理,这样就可以看到软件界面中的多个汉字的出现。

3. 软件的调试

为了调试程序,需要使用绘图软件,笔者使用的是 AutoCAD。

对于 AutoCAD 中使用 PLINE 命令绘制的多段线或多边形,其顶点坐标可以使用

boundary. lsp 中的 BD 命令输出为文本文件,文件名为"test. txt",这是在 save 函数中定义的,读者可以自行修改。

对于剖分软件生成的图形,可以使用

Partition. part. saveDebug. write(null, i, j, 0);

Partition. part. saveDebug. close();

保存到 test. scr 文件中,并在 AutoCAD 中使用 SCR 命令打开。

4. 关于子区域的数量

子区域的数量与多边形/多段线的形状及半边搜索次数阈值有关。对于随机生成的简单多边形,当阈值为 1 时,每添加 100 个顶点,大约会形成 2~3 个子区域,如果阈值加大,子区域数量会显著减少,大多数情况下可以实时完成剖分。

5. 软件的测试

为了测试软件的鲁棒性,在两台电脑上开启了 4~5 个实例,每个实例每秒钟约随机生成 10 个多边形,每个多边形约 1 000 个顶点,每天运行 20 个小时,到本书稿完成时运行了 70 天,即总共测试了约 2.3 亿个多边形,除了自相交或精度误差而自动忽略外,其他情况都能以线性时间得到正确剖分(修补了若干个漏洞)。

图 2-1　最佳剖分算法软件界面(中文)

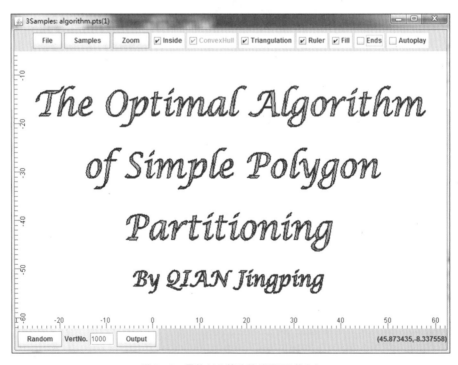

图 2-2　最佳剖分算法软件界面(英文)

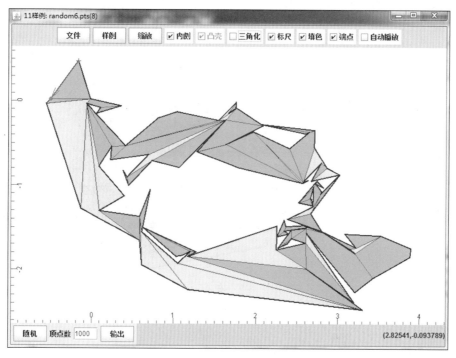

图 2-3　内侧、标尺、填色、端点等选中

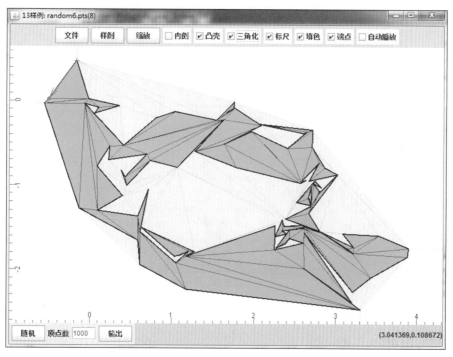

图 2-4　凸壳、三角化、标尺、填色、端点等选中

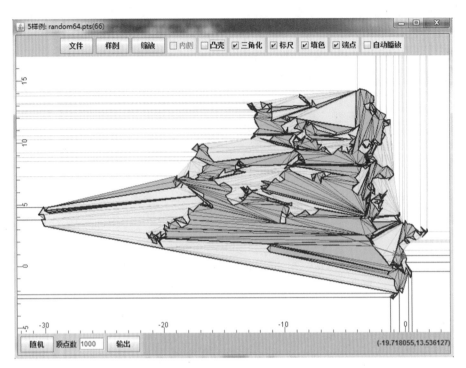

图 2 - 5　内侧、凸壳未选中

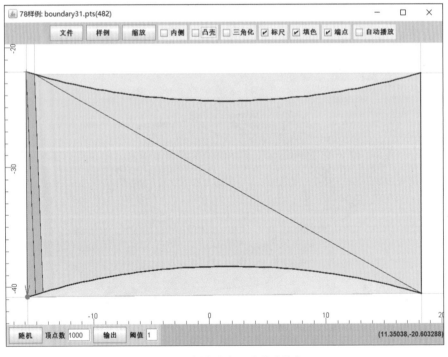

图 2 - 6　内侧、凸壳、三角化未选中

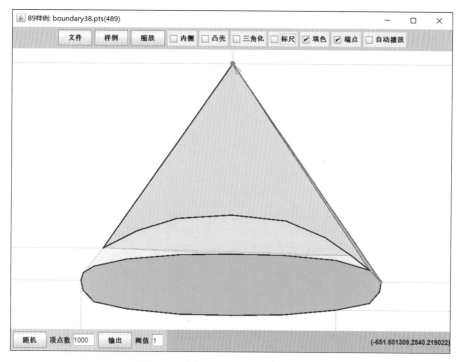

图 2 - 7　内侧、凸壳、三角化、标尺未选中

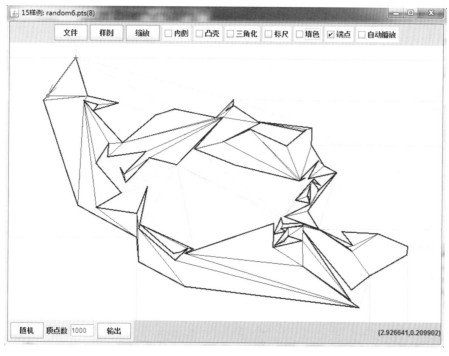

图 2 - 8　内侧、凸壳、三角化、标尺、填色未选中

第三篇　最佳剖分算法源程序

1. 文件结构

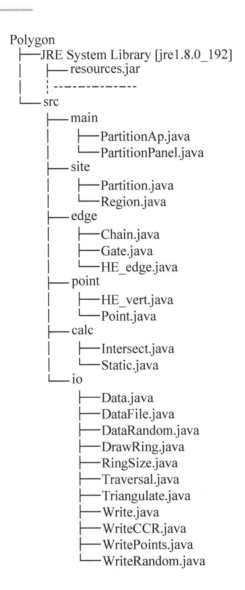

```
Polygon
├──JRE System Library [jre1.8.0_192]
│    ├── resources.jar
│    ┊ ─ ─ ─ ─ ─ ─ ─ ─
└── src
     ├── main
     │    ├── PartitionAp.java
     │    └── PartitionPanel.java
     ├── site
     │    ├── Partition.java
     │    └── Region.java
     ├── edge
     │    ├── Chain.java
     │    ├── Gate.java
     │    └── HE_edge.java
     ├── point
     │    ├── HE_vert.java
     │    └── Point.java
     ├── calc
     │    ├── Intersect.java
     │    └── Static.java
     └── io
          ├── Data.java
          ├── DataFile.java
          ├── DataRandom.java
          ├── DrawRing.java
          ├── RingSize.java
          ├── Traversal.java
          ├── Triangulate.java
          ├── Write.java
          ├── WriteCCR.java
          ├── WritePoints.java
          └── WriteRandom.java
```

2. Java 源程序

2.1 PartitionAp.java

```java
package main；

/**
 * @author Qian Jingping
 */

import java.awt.BorderLayout；
import java.awt.Color；
import java.awt.Container；
import java.awt.EventQueue；

import javax.swing.JButton；
import javax.swing.JCheckBox；
import javax.swing.JFrame；
import javax.swing.JLabel；
import javax.swing.JPanel；
import javax.swing.JTextField；

import site.Partition；

public class PartitionAp {
    public static final int language = 0；// 0：中文,1：English

    public PartitionAp() {
    JFrame dWindow = new JFrame()； // Create window
    dWindow.setSize(800，600)； // Set window size
    // Set window title
    Container pane = dWindow.getContentPane()；
    pane.setLayout(new BorderLayout())；
    // Specify layout manager
    dWindow.setDefaultCloseOperation(JFrame.EXIT_ON_CLOSE)；
    // Specify closing behavior
    // Build the button controls
    JButton button[] = { new JButton(params[0].name[language])，new JButton(params[1].name
[language])，
```

```
        new JButton(params[2].name[language]), new JButton(params[10].name[language]),
        new JButton(params[11].name[language]) };
    button[0].setActionCommand(params[0].name[language]);
    button[1].setActionCommand(params[1].name[language]);
    button[2].setActionCommand(params[2].name[language]);
    button[3].setActionCommand(params[10].name[language]);
    button[4].setActionCommand(params[11].name[language]);
    int i = -1, j = params.length - 5;
    JCheckBox box[] = new JCheckBox[j];
    while (++i<j) {
        int k = i + 3;
        box[i] = new JCheckBox(params[k].name[language]);
        box[i].setActionCommand(params[k].name[language]);
        if (params[k].select)
            box[i].doClick();
        box[i].setEnabled(params[k].enable);
    }
    JPanel buttonPanel = new JPanel();
    buttonPanel.add(button[0]);
    buttonPanel.add(button[1]);
    buttonPanel.add(button[2]);
    for (i = 0; i<box.length;)
        buttonPanel.add(box[i++]);
    buttonPanel.setBackground(new Color(200, 200, 200));
    pane.add(buttonPanel, "North");

    JPanel statePanel = new JPanel();
    statePanel.setLayout(new BorderLayout());
    JPanel numberPanel = new JPanel();
    numberPanel.add(button[3], "West");
    JLabel pnum = new JLabel(new String[] { "顶点数", "VertNo." }[language]);
    numberPanel.add(pnum, "East");
    JTextField edit = new JTextField();
    numberPanel.add(edit, "East");
    edit.setText("1000");
    statePanel.add(numberPanel, "West");
    numberPanel.add(button[4], "West");
    JLabel thresh = new JLabel(new String[] { "阈值", "Threshold" }[language]);
    numberPanel.add(thresh, "East");
    JTextField editT = new JTextField();
    numberPanel.add(editT, "East");
```

```
        editT. setText(Partition. THRESHOLD + "    ");
        JLabel state = new JLabel(new String[] { "状态", "state" }[language]);
        statePanel. add(state, "East");
        numberPanel. setBackground(new Color(210, 210, 210));
        statePanel. setBackground(new Color(190, 190, 190));
        pane. add(statePanel, "South");

        // Build the graphics panel
        PartitionPanel graphicsPanel = new PartitionPanel();
        pane. add(graphicsPanel, "Center");

        // Register the listeners
        for (i = 0; i<5;)
            button[i++]. addActionListener(graphicsPanel);
        for (i = 0; i<box. length;)
            box[i++]. addActionListener(graphicsPanel);
        graphicsPanel. addMouseListener(graphicsPanel);
        graphicsPanel. addMouseWheelListener(graphicsPanel);
        graphicsPanel. addMouseMotionListener(graphicsPanel);
        graphicsPanel. addKeyListener(graphicsPanel);
        dWindow. setVisible(true); // Show the window
    }


    /**
     * Set up the applet's GUI. As recommended, the init method executes this in the
     * event-dispatching thread.
     */
    // Params(boolean enabled, boolean selected, String name)
    public static final Params[] params = {
            new Params(true, false, new String[] { "文件", "File" }), // 0
            new Params(true, false, new String[] { "样例", "Samples" }), // 1
            new Params(true, false, new String[] { "缩放", "Zoom" }), // 2
            new Params(true, false, new String[] { "内侧", "Inside" }), // 3
            new Params(true, true, new String[] { "凸壳", "ConvexHull" }), // 4
            new Params(true, true, new String[] { "三角化", "Triangulation" }), // 5
            new Params(true, true, new String[] { "标尺", "Ruler" }), // 6
            new Params(true, true, new String[] { "填色", "Fill" }), // 7
            new Params(true, true, new String[] { "端点", "Ends" }), // 8
            new Params(true, true, new String[] { "自动播放", "Autoplay" }), // 9
            new Params(true, false, new String[] { "随机", "Random" }), // 10
            new Params(true, false, new String[] { "输出", "Output" }) // 11
```

```
};
/**
* Main program
*/
public static void main(String[] args) {
    EventQueue.invokeLater(new Runnable() {
        public void run() {
            try {
                new PartitionAp();
            } catch (Exception e) {
                e.printStackTrace();
            }
        }
    });
}
}


class Params {
    boolean enable, select;
    String name[];
    public Params(boolean e, boolean s, String n[]) {
        enable = e;
        select = s;
        name = n;
    }
}
```

2.2 PartitionPanel.java

```
package main;


/**
* @author Qian Jingping
*/


import java.awt.BasicStroke;
import java.awt.Color;
import java.awt.Component;
import java.awt.Graphics;
import java.awt.Graphics2D;
import java.awt.event.ActionEvent;
```

```java
import java.awt.event.ActionListener;
import java.awt.event.KeyEvent;
import java.awt.event.KeyListener;
import java.awt.event.MouseEvent;
import java.awt.event.MouseListener;
import java.awt.event.MouseMotionListener;
import java.awt.event.MouseWheelEvent;
import java.awt.event.MouseWheelListener;
import java.io.File;
import java.text.NumberFormat;
import java.text.ParseException;
import java.util.ArrayList;
import java.util.List;

import javax.swing.JButton;
import javax.swing.JCheckBox;
import javax.swing.JFileChooser;
import javax.swing.JFrame;
import javax.swing.JLabel;
import javax.swing.JPanel;
import javax.swing.JTextField;
import javax.swing.Timer;

import io.DataFile;
import io.DataRandom;
import io.DrawRing;
import io.WriteCCR;
import io.WritePoints;
import io.WriteRandom;
import point.HE_vert;
import point.Point;
import site.Partition;

public class PartitionPanel extends JPanel
        implements ActionListener, MouseListener, MouseWheelListener, MouseMotionListener,
KeyListener {

    private static JFrame mainWin;
    private static final long serialVersionUID = 1L;
    private static long tm, tmWatch, time = System.nanoTime();
    private static JPanel buttonPanel;
```

```
    private static JLabel state;
    private static Thread thread = null, watch = null;
    private static boolean wheel, drag, ctrlKey, altKey, shftKey, fresh;
    private static double scaleMin, scaleMax, scale, mx, my, lx, ly, xy[][] = { { 0, 0 }, { 0, 0 } };
    private static ArrayList<Partition>lPartitions = new ArrayList<Partition>();
    private static Color ptColor[] = new Color[] { new Color(200, 0, 0), new Color(255, 0, 0),
new Color(0, 0, 255) };
    private static Color border = new Color(64, 60, 55);
    private static Color fillColor[] = new Color[] {
        new Color(230, 225, 120), // inner_concave
        new Color(128, 240, 128), // inner_convex
        new Color(70, 80, 50), // inner_edge
        new Color(245, 250, 200), // outer_concave
        new Color(210, 240, 200), // outer_convex
        new Color(190, 200, 180), // outer_edge
        new Color(255, 255, 255) };// virtual
    private static Color rulerColor = new Color(100, 100, 100), //
        rulerDigitColor = new Color(55, 55, 55); //
    private static BasicStroke bs[] = { new BasicStroke(1), new BasicStroke(2),
        new BasicStroke(0, BasicStroke.CAP_BUTT, BasicStroke.JOIN_BEVEL, 1, new float[] { 2,
5 }, 0) };
    private static Graphics2D g; // Stored graphics context
    private static List<String>scmds = new ArrayList<String>();
    private static JFileChooser jfc = new JFileChooser();
    private static int pointRadius = 4, precision = 6, xms, yms, step, //
        iname = 4;
    private static String command = "", fileName, prompt;
    private static String fname[] = {
        "test.txt", //
        "剖分算法.pts", //
        "algorithm.pts", //
        "amtb.txt", //
        "random.pts", //
        "random1.pts", //
        "random2.pts", //

        "loose.pts", //
        "loose1.pts", //
        "zhuan.pts", //
        "ev1r.pts", //
        "ev1r2.pts", //
```

```
        "excute.pts", //
        "test0.txt", //
        "test1.txt", //
        "test2.txt", //

        "mutual.pts", //
        "closeScan.pts", //
        "climax.pts", //
        "data01.txt", //
        "data02.txt", //
        "data03.txt", //

        "boundary1.pts", //
        "boundary2.pts", //
        "boundary3.pts", //

        "fractal.txt", //
        "fractal1.txt", //
        "fractal2.txt", //
    };

/**
 * Create and initialize the region.
 */
public PartitionPanel() {
    Params[] params = PartitionAp.params;
    for (int i = 0; i<params.length; i++)
        scmds.add(params[i].name[PartitionAp.language]);
    new Timer(300, new ActionListener() {
        public void actionPerformed(ActionEvent e) {
            if (buttonPanel == null) {
            buttonPanel = (JPanel) getParent().getComponent(0);
            mainWin = ((JFrame) getParent().getParent().getParent().getParent());
            iname--;
            // runRandom();
            runSample();
        }
        if (wheel) {
            wheel = false;
            repaint();
        }
```

```
        }
      }).start();
}


    private static JCheckBox getCheckBox(int i) {
      return ((JCheckBox) buttonPanel.getComponent(i));
    }


    public static boolean isSelected(int i) {
      return getCheckBox(i).isSelected();
    }


    public static boolean isEnabled(int i) {
      return getCheckBox(i).isEnabled();
    }


    private Component getBottom(int i) {
      return ((JPanel) ((JPanel) getParent().getComponent(1)).getComponent(0)).getComponent
(i);
    }


    private void online() {
      Partition.THRESHOLD = getInt(5, 1);
      Partition.online = true;
      DataFile data = new DataFile(fileName);
      HE_vert v1, v2, vn = null;
      do {
        while ((v1 = data.get(1)) == HE_vert.vtBase)
          ;
        if (v1 == null)
          break;
        v2 = data.get(2);
        Partition part = new Partition(v1, v2);
        lPartitions.add(part);
        while (part.add(vn = data.get(part.N)))
          ;
      } while (vn == HE_vert.vtBase || data.get(0) == HE_vert.vtBase);
      data.close();
    }


    private void offline() {
```

```java
            Partition.online = false;
            boolean insideEnabled = true;
            int i = lPartitions.size(), n = 0;
            for (int j = 0; j<i; j++) {
                Partition part = lPartitions.get(j);
                part.offline();
                n += part.Vl.ID;
                double xyMin[] = xy[0], xyMax[] = xy[1], d;
                for (int k = 0; k<2; k++) {
                    if (xyMin[k]>(d = part.xy[0][k]))
                        xyMin[k] = d;
                    if (xyMax[k]<(d = part.xy[1][k]))
                        xyMax[k] = d;
                }
                if (part.V1.back == null)// 第一点与最后一点没有连接起来
                    insideEnabled = false;// 仅输出内侧为假
            }
            if (getCheckBox(3).isEnabled() ! = insideEnabled) {
                getCheckBox(3).setEnabled(insideEnabled);// 仅输出多边形内侧剖分
                getCheckBox(4).setEnabled(! insideEnabled || ! isSelected(3));// 输出凸包
            }
            if (i>1)
                System.out.print("\n" + i + new String[] { "条多边形/多段线", " polygons/polylines with " }
[PartitionAp.language]
                    + n + new String[] { "个顶点!", " vertices in total!" }[PartitionAp.language]);
                System.out.print("\n" + (System.nanoTime() - tm) / 1e6 / n
            + new String[] { "秒/千点", " seconds/1000Points" }[PartitionAp.language]);
        }


    private static long l = 0;


    private void treatFileData() {
        l++;
        int t = (int) ((System.nanoTime() - time) / 36e8);
        mainWin.setTitle(t / 1000.0 + ":" + l + prompt);
        lPartitions.clear();
        System.gc();
        xy[0][0] = xy[0][1] = Double.MAX_VALUE;
        xy[1][0] = xy[1][1] = -Double.MAX_VALUE;
        tm = System.nanoTime();
        System.out.print("\n\n" + l + prompt);
```

```
        online();
        offline();
        System.out.println(new String[] { "\n 用于剖分生成的时间是: ", "\nTime used for genera-
tion: " }[PartitionAp.language]
                + (System.nanoTime() - tm) / 1e9 + new String[] { "秒\n\n", " seconds\n\n" }[Par-
titionAp.language]);
    }


    void runSample() {
        iname++;
        fresh = true;
        fileName = fname[iname %= fname.length];
        prompt = new String[] { "样例: ", "Samples: " }[PartitionAp.language] + fileName + "(" +
iname + ")";
        treatFileData();
        zoomExtent();
        repaint();
//      try {
//          Thread.sleep(500);
//      } catch (InterruptedException e1) {
//      /e1.printStackTrace();
//      }
    }


    private int getInt(int i, int min) {
        int n = min;
        try {
            JTextField text = (JTextField) getBottom(i);
            NumberFormat nf = NumberFormat.getNumberInstance();
            n = nf.parse(text.getText()).intValue();
        } catch (ParseException ex) {
        }
        return n<min ? min : n;
    }


    void runRandom() {
        boolean run = true;
        try {
            step = 0;
        DataRandom data = new DataRandom(getInt(2, 3));// getRandomNo
        HE_vert v1, v2;
```

```java
        v1 = data.get(1);
        v2 = data.get(2);
        while (v1.mag2(v2) == 0)
            v2 = data.get(2);
        Partition.online = false;
        Partition part = new Partition(v1, v2);
        while (part.addRandom(data.get(part.N)))
            ;
        data.close();
        step = 1;
        new WriteRandom(part.V1);
        step = 2;
    } catch (RuntimeException ex) {
        if (thread == null)
            ex.printStackTrace();
        run = false;
    }
    if (run) {
        fileName = "random.pts";
        try {
            prompt = new String[] { "随机生成：", "Randomized：" }[PartitionAp.language]
                + System.getProperty("user.dir") + "\\" + fileName;// "java.class.path"
            step = 3;
            treatFileData();
            step = 4;
            zoomExtent();
            repaint();
        } catch (Exception e) {
            e.printStackTrace();
            String s = e.getMessage();
            if ("顶点与最后一条边重合！".equals(s) || "Point is along the last edge!".equals(s)
                || "多边形自相交！".equals(s) || "The polygon is self-intersected!".equals(s)
                || "精度误差出错！".equals(s) || "precision error!".equals(s)//
            )
                ;
            else
                System.exit(0);
        }
//      try {
//          Thread.sleep(100);
//      } catch (InterruptedException e1) {
```

```
////        e1.printStackTrace();
//    }
        }
    }


/* Events */
/**
 * Actions for button presses.
 *
 * @param e the ActionEvent
 */
public void actionPerformed(ActionEvent e) {
    Object btn = e.getSource();
//    Container ctn;
    if (fileName == null)
        fileName = fname[iname %= fname.length];
    if (prompt == null)
        prompt = new String[] { "样例：", "Samples：" }[PartitionAp.language] + fileName + "("
+ iname + ")";
    switch (scmds.indexOf(e.getActionCommand())) {
    case 0：
    if (thread != null) {
        thread.interrupt();
        thread = null;
        getBottom(3).setEnabled(true);                    // 开启输出按钮
    }
    jfc.setFileSelectionMode(JFileChooser.FILES_ONLY);
    jfc.showDialog(((JButton) btn).getParent(), null);
    File file = jfc.getSelectedFile();
    if (file != null && file.isFile()) {
        jfc.setCurrentDirectory(file);
        if (! fileName.equals(file.getAbsolutePath())) {
            fileName = prompt = file.getAbsolutePath();
            treatFileData();
            zoomExtent();
        }
    }
    break;
    case 1：    // samples
    if (thread != null) {
        if (thread instanceof sampleThread)
```

```
      return；
    thread. interrupt()；
    thread = null；
    watch. interrupt()；
    watch = null；
  }
  if (isSelected(9)) {
    getBottom(3). setEnabled(false)；          // 关闭输出按钮
    thread = new sampleThread()；
    thread. start()；
  } else
    runSample()；
  break；
case 2：    // extent
  if (thread == null)
    zoomExtent()；
  break；
case 3：    // Inside
  getCheckBox(4). setEnabled(! isSelected(3))；
case 4：    // ConvexHull
case 5：    // Triangulate
  if (thread == null) {
    treatFileData()；
    if (fresh) {
      fresh = false；
      zoomExtent()；
    }
  }
  break；
case 6：    // ruler
case 7：    // fill
case 8：    // ends
  break；
case 9：    // autoplay
  if (thread ! = null && ! isSelected(9)) {
    thread. interrupt()；
    thread = null；
    if (watch ! = null) {
      watch. interrupt()；
      watch = null；
    }
```

```
            getBottom(3).setEnabled(true);// 开启输出按钮
        }
            break;
        case 10：     // random
            if (thread ! = null) {
                if (thread instanceof randomThread)
                    return；
                thread.interrupt();
                thread = null;
            }
            if (isSelected(9) && DataRandom.isRandom) {
                getBottom(3).setEnabled(false);// 关闭输出按钮
                thread = new randomThread();
            thread.start();
            watch = new watchDog();
            watch.start();
        } else
            runRandom();
        break；
        case 11：     // output
            if (thread ! = null)
                return；
            String fnm = fileName.substring(0, fileName.indexOf('.'));
            boolean bothside = ! (isSelected(3) && isEnabled(3));
            if (lPartitions.size() == 1)
                new WriteCCR(bothside, lPartitions.get(0), fnm + ".CCR");
            else
                for (int i = 0; i<lPartitions.size(); i++)
                    new WriteCCR(bothside, lPartitions.get(i), fnm + "_" + i + ".CCR");
            System.out.print(new String[] { "\n 输出文件：", "\nOutput file：" }[PartitionAp.language] +
fnm + "*.CCR");
        default：
            return；
        }
        repaint();
}


private double getX(MouseEvent e) {
        return mx - (getWidth() / 2 - e.getX()) / scale;
}
```

```
private double getY(MouseEvent e) {
    return my + (getHeight() / 2 - e.getY()) / scale;
}


/**
 * Mouse press.
 *
 * @param e the MouseEvent
 */
public void mousePressed(MouseEvent e) {
    if (e.getComponent() != this)
        return;
    if (e.getButton() == MouseEvent.BUTTON2) {
        xms = e.getX();
        yms = e.getY();
        return;
    }
    if (e.getButton() == MouseEvent.BUTTON3)
        return;
    if (shftKey) {
        if (altKey) {
        } else
            ;
    } else if (altKey)
        ;
    else {
        if (ctrlKey) {
            ;
        }
        xms = e.getX();
        yms = e.getY();
    }
    repaint();
}


/**
 * MouseEnter events.
 *
 * @param e the MouseEvent
```

```
     */
    public void mouseEntered(MouseEvent e) {
    }


    /**
     * MouseExit events.
     *
     * @param e the MouseEvent
     */
    public void mouseExited(MouseEvent e) {
    }


    /**
     * MouseClick event (not used, but needed for MouseListener).
     */
    public void mouseClicked(MouseEvent e) {
    }


    /**
     * MouseRelease event (not used, but needed for MouseListener).
     */
    public void mouseReleased(MouseEvent e) {
        if (e.getButton() == MouseEvent.BUTTON2) {
            drag = false;
        }
            repaint();
    }

    public void mouseWheelMoved(MouseWheelEvent e) {
        if (thread != null)
            return;
        double r = -e.getWheelRotation() * 0.1;
        if (r<0 ? scale<scaleMin : scale>scaleMax)
            return;
        r /= (scale *= (r + 1));
        mx -= r * (getWidth() * .5 - e.getX());
        my += r * (getHeight() * .5 - e.getY());
        wheel = true;
        fresh = false;
        repaint();
    }
```

```
public void mouseDragged(MouseEvent e) {
  if (thread ! = null)
    return;
  if (e.getComponent() == this) {
    if (e.getModifiersEx() == MouseEvent.BUTTON3_DOWN_MASK)
      return;
    int x = e.getX(), y = e.getY();
    double dx = (xms - x) / scale, dy = (y - yms) / scale;
  xms = x;
  yms = y;
    if (e.getModifiersEx() == MouseEvent.BUTTON2_DOWN_MASK) {
      if (dx>0 && mx>xy[1][0] || dx<0 && mx<xy[0][0]
        || dy>0 && my>xy[1][1] || dy<0 && my<xy[0][1])
      return;
      mx += dx;
      my += dy;
      drag = true;
      fresh = false;
    } else if (e.getModifiersEx() == MouseEvent.BUTTON1_DOWN_MASK) {
    }
    repaint();
  }
}


public void mouseMoved(MouseEvent e) {
  String s = formatNumber(getX(e)) + "," + formatNumber(getY(e));
  if (state == null)
    state = (JLabel) ((JPanel) getParent().getComponent(1)).getComponent(1);
  state.setText("(" + s + ")");
}


public void keyPressed(KeyEvent k) {
  shftKey = k.isShiftDown();
  ctrlKey = k.isControlDown();
  altKey = k.isAltDown();
}


public void keyReleased(KeyEvent k) {
  shftKey = false;
  ctrlKey = false;
```

```
      altKey = false；
   }

   public void keyTyped(KeyEvent k) {
      char key；
      switch (key = k.getKeyChar()) {
      case KeyEvent.VK_ESCAPE：
         command = ""；
         break；
      case KeyEvent.VK_BACK_SPACE：
         int l；
         if ((l = command.length())>0)
            command = command.substring(0, l - 1)；
         break；
      case KeyEvent.VK_ENTER：
         break；
      default：
         if (key>0x1f && key<0x7f)                // 32~126
            command += key；
      }
   }


   /* Basic Drawing Methods */

   /**
    * Draw a point.
    *
    * @param point the Point to draw
    */
   private void draw(Point point) {
      double r = pointRadius / scale；
      draw(point.add(new Point(-r, 0)), point.add(new Point(r, 0)))；
      draw(point.add(new Point(0, -r)), point.add(new Point(0, r)))；
   }


   /**
    * Draw a line segment.
    *
    * @param endA one endpoint
    * @param endB the other endpoint
    */
```

```java
private void draw(Point endA, Point endB) {
    int xyA[] = { (int) (endA.x() * scale), (int) (endA.y() * scale) };
    int xyB[] = { (int) (endB.x() * scale), (int) (endB.y() * scale) };
    if (xyA[0] != xyB[0] || xyA[1] != xyB[1])
        g.drawLine(xyA[0], xyA[1], xyB[0], xyB[1]);
}


/**
 * Draw a circle.
 *
 * @param center the center of the circle
 * @param radius the circle's radius
 * @param fillColor null implies no fill
 */
private void draw(Point center, double radius, Color fillColor) {
    int x = (int) (center.x() * scale);
    int y = (int) (center.y() * scale);
    int r = (int) (radius * scale);
    if (r>0 && fillColor != null) {
        Color temp = g.getColor();
        g.setColor(fillColor);
        g.fillOval(x - r, y - r, r + r, r + r);
        g.setColor(temp);
    }
    g.drawOval(x - r, y - r, r + r, r + r);
}


/* Higher Level Drawing Methods */
private String formatNumber(double x) {
    double prcs = Math.pow(10, precision);
    String s = String.valueOf(Math.floor(x * prcs + .5) / prcs);
    int l = s.indexOf('E'), m;
    int n = l <= 0 ? s.length() : ((m = s.indexOf('.') + precision)<l) ? m + 1 : l;
    while (s.charAt(--n) == '0')
        ;
    if (s.charAt(n) != '.')
        n++;
    String t = s.substring(0, n);
    return l >0 ? t + s.substring(l) : t;
}
```

```java
private void drawRuler() {
    if (! isSelected(6))        // ruler
        return；
    int winWH[] = { getWidth(), getHeight() };// 窗口大小
    double leftBottom[] = { mx － lx / 2, my － ly / 2 };// 左下角起始点的模型坐标
    double grid = (my ＋ ly / 2) * scale, PI_2 = Math. PI / 2;// 窗口上侧的 Y 坐标,注意:getHeight()不一定等于(int)(ly * scale)
    double delt = mx * scale － winWH[0] / 2.0;// 窗口左侧的 X 坐标
    int lb[] = { (int) delt, winWH[1] － (int) grid };// 左下角起始点的屏幕坐标
    grid = Math. log10(Math. max(lx, ly) / scale) / 2;// log(√(xy/scale))
    delt = Math. pow(10, Math. floor(grid ＋ 0.3));// 适于标定的距离 log[2 * √(xy/scale)],10 的整数次幂
    int gridXY[] = { (int) (lx / delt) ＋ 2, (int) (ly / delt) ＋ 2 };// 纵横向标尺格数
    int gridBig[] = new int[2], axisStringY[] = { －10, 19 };
    for (int n = 0; n＜2; n＋＋)
        gridBig[n] = 5 ＜＜((int) Math. sqrt(gridXY[n]) / 5);// 纵、横向取 5 的 2n 数倍
    boolean drawLine = false;// 开始时不是画线
    do {        // 绘制标尺线,循环 2 次,第一次写数字,第二次画线
        g. setColor(drawLine ? rulerColor : rulerDigitColor);// 标尺线颜色或数值字符颜色
        for (int XY = 2; XY－－＞0;) {// 对于纵、横每一方向
            if (! drawLine)// 在写数字时
                g. rotate(PI_2 = －PI_2);// 纵向文字逆时针旋转 90 度,横向文字顺时针旋转 90 度(恢复)
            int m, n, YX = XY ^ 1, xy[] = lb. clone(), d[] = { 0, 0 };
            grid = Math. floor(leftBottom[XY] / delt) * delt;// 左下角起始点的模型坐标
            for (m = gridXY[XY], n = gridBig[XY]; m－－＞0; grid ＋= delt) {        // 对于每一格 m
                boolean isBig = (Math. floor(grid / delt ＋ 0.5) % n == 0);// 判定是否是长格线
                if (drawLine) {        // 画线
                    d[YX] = isBig ? 10 : 5; // 画长线,短线
                    xy[XY] = (int) (grid * scale) * (YX － XY);// 调整坐标值 xy[XY]或－xy[XY]
                    g. drawLine(xy[0], xy[1], xy[0] ＋ d[0], xy[1] － d[1]);// 画线
                } else if (isBig) {        // 仅对每 5,10,20...标尺线,标定数值
                    if (grid＜delt / 2 && grid＞－delt / 2)        // 消除累加误差
                        grid = 0;
                    String s = formatNumber(grid);// 标定数值格式
                    int x = (int) (grid * scale － s. length() * 3.5);// 调整标定数值起始点 x 坐标
                    int y = axisStringY[XY] ＋ xy[YX];// 调整标定数值起始点 y 坐标
                    g. drawString(s, x, y);// 写字
                }
            }
        }
    }
```

```
    } while (drawLine == ! drawLine);
  }


  private void drawPolygon(Partition part) {
    boolean bothSides = ! (isSelected(3) && isEnabled(3));
    DrawRing draw = new DrawRing(bothSides, part, scale, g);
    if (! drag && ! wheel)
      draw.drawRing(fillColor);
//
    g.setColor(border);
    g.setStroke(bs[1]);
    draw.drawPolygon();
//
    g.setStroke(bs[0]);
    if (isSelected(8)) {       // draw ends
      Point v1 = part.V1, vn = part.Vl;
      Point u = new Point(v1.x(), −v1.y());
      Point v = new Point(vn.x(), −vn.y());
      double s = pointRadius / scale;
      Point f = vn.sub(v1).uni().mult(s), t = v1.add(f.mult(5));
      Point a = f.right90().add(t), b = f.left90().add(t);
      g.setColor(ptColor[part.V1.back ! = null ? 1 : 2]);
      draw(new Point(a.x(), −a.y()), u);
      draw(new Point(b.x(), −b.y()), u);
      draw(u, s, ptColor[0]);
      draw(u, v);
      draw(v);
    }
  }


  /**
   * Handles painting entire contents of RegionPanel. Called automatically;
   * requested via call to repaint().
   *
   * @param g the Graphics context
   */
  private void zoomExtent() {
    double a = xy[1][0] − xy[0][0], b = xy[1][1] − xy[0][1];
    scale = Math.min(getWidth() / a, getHeight() / b) * .9;
    scaleMin = scale * .005;
    scaleMax = scale * 5000;
```

```
      mx = xy[0][0] + a / 2;
      my = xy[0][1] + b / 2;
   }

   public void paintComponent(Graphics gr) {
      super.paintComponent(gr);
      if (lPartitions.isEmpty())
         return;
      g = (Graphics2D) gr;

      int w = getWidth(), h = getHeight();
      lx = w / scale;
      ly = h / scale;
      g.translate((int) (w / 2.0 - mx * scale), (int) (h / 2.0 + my * scale));

      for (int i = 0; i<lPartitions.size(); i++)
         drawPolygon(lPartitions.get(i));
      drawRuler();
   }

   class sampleThread extends Thread {
      public void run() {
         do {
            runSample();
         } while (thread ! = null && thread instanceof sampleThread && ((JCheckBox) getCheckBox
(9)).isSelected());
      }
   }

   class randomThread extends Thread {
      public void run() {
         do {
            tmWatch = System.nanoTime();
            runRandom();
         } while (thread ! = null && thread instanceof randomThread && ((JCheckBox) getCheckBox
(9)).isSelected());
      }
   }

   class watchDog extends Thread {
      public void run() {
```

```
        for (tmWatch = System. nanoTime(); System. nanoTime() — tmWatch<3e10;) {
            System. out. print("\nwatch" + (System. nanoTime() — tmWatch));
            if (step == 0 && System. nanoTime() — tmWatch>2e10) {
                thread. interrupt();
                thread = new randomThread();
                thread. start();
            }
            try {
                Thread. sleep(5000);
            } catch (InterruptedException e1) {
                return;
            }
        }
        new WritePoints();
        throw new RuntimeException("dead loop at step " + step);
    }
  }
}
```

2.3　Partition. java

```
    package site;


    /* *
     * @author Qian Jingping
     */

    import calc. Intersect;

    import edge. Chain;
    import edge. Gate;
    import edge. HE_edge;

    import io. Triangulate;
    import io. Write;

    import java. util. ArrayList;
    import java. util. Iterator;
    import java. util. LinkedList;
```

```
import main. PartitionAp；
import main. PartitionPanel；

import point. HE_vert；
import point. Point；

public class Partition {
    static private final int maxLevel = 9；
    static private int sID, size, forward[] = { 0, 0 }；// superID
    static public boolean online；
    static public int I = 0；
    static public int THRESHOLD = 6；// 为了凸显子区域的形成,可令双向搜索定位步数阈值为1
（合理的取值应该≥5）
    static public HE_edge[][] guard；
    static public Region lastRegion[] = { null, null }；
    static public Partition part；

    private HE_edge quad, guard0[][] = { { null, null }, { null, null } }；
    private HE_vert dup = null, Vn；
    private Region lRegion = null；
    private ArrayList<LinkedList<Region>>lChildren = new ArrayList<LinkedList<Region>>
（）；
    //
    public int N = 3；
    public double perimeter；
    public HE_vert V1, Vl；
    public final double xy[][] = new double[5][2]；// (xMin,yMin),(xMax,yMax),(xMin−,
yMin−),(xMax+,yMax+),(cenX,cenY)
    //
    public Write saveDebug = new Write(this)；

    static public void newGuardToL() {
        boolean abutCorner = guard[0][0] ! = null
            && (guard[0][0]. next == guard[0][1] || guard[0][0]. next. next == guard[0][1])；
        guard[0][1] = guard[0][1]. CW()；
        if (guard[0][1]. pair. vert. isOnQ()) {
            guard[0][1] = guard[0][1]. next；
            if (abutCorner)
                forward[0]++；
        }
    }
```

```java
static public void newGuardToR() {
    boolean abutCorner = guard[1][0] ! = null
        && (guard[1][0].CCW() == guard[1][1] || guard[1][0].prev.CCW() == guard[1][1]);
    guard[1][1] = guard[1][1].CCW();
    if (guard[1][1].pair.vert.isOnQ()) {
        guard[1][1] = guard[1][1].endCCW().pair;
        if (abutCorner)
            forward[1]++;
    }
}


static public boolean roundTurnL() {
    return guard[0][0] ! = null && (guard[0][0].pair.lOrth(guard[0][1]) + forward[0])>3;
}


static public boolean roundTurnR() {
    return guard[1][0] ! = null && (guard[1][0].rOrth(guard[1][1]) + forward[1])>3;
}


static HE_edge init(HE_edge head) {
    HE_vert p[] = { new HE_vert(sID - 1), new HE_vert(sID - 2), new HE_vert(sID - 3), new HE_vert(sID - 4) };
    HE_edge e[] = { p[0].addBorder(p[1]), p[1].addBorder(p[2]), p[2].addBorder(p[3]), p[3].addBorder(p[0]) };
    e[0].link(e[1].link(e[2].link(e[3].link(e[0]))));// 四条边首位衔接形成外包环
    int i = head.direction();
    HE_edge frnt = e[i], left = e[(i + 1) & 3], back = e[(i + 2) & 3], rght = e[(i + 3) & 3],
        tail = head.next;// &3 等价于%4。
    rght.addDiagCheck(head);
    back.addDiagCheck(head);
    left.addDiagCheck(tail);
    left.addDiagCheck(head);
    frnt.addDiagCheck(tail);
    rght.addDiagCheck(tail);
    sID -= 4;
    return e[0];
}


static HE_edge middle(HE_edge eh, HE_edge et) {
```

```
    boolean bh = eh.turnLeft(), bt = et.turnLeft();
    if (bh || bt) {
        HE_edge em = et.prev;
        if ((em.turnLeft() || ! bt && eh.next.next.turnLeft()) && (bh || ! eh.next.turnLeft()))//
纯尾凹、首凹或多于2条边的凸链
            return mendChain(eh.next, et);
        if (eh.next ! = em)
            eh.addRing(em);// 尾凹
        return em;
    }
    HE_edge em = eh.apex(et);
    eh.addRing(em);
    return em.addRing(et);
}


static HE_edge mendChain(HE_edge eh, HE_edge et) {        // 围合不同形式的链段
    Chain c = new Chain(eh, et);
    switch (c.type()) {
    case 2:
        return eh.addRing(et);
    case 4:        // 凸凹链段
        return eh.addRing(c.quasiTangentFromHead());
    case 5:        // 凹凸链段
        HE_edge e = c.quasiTangentFromTail().addRing(et);
        if (eh.isCohub(e))
            return e;
    }
    return eh;
}


static HE_edge mergeChains(HE_edge eh, HE_edge em, HE_edge et) {
    HE_edge hp = eh.prev;
    while (em.turnLeft() && mendChain(eh, em = em.next).next ! = et && em ! = et        // 两个
凹链:凹凹组合,以转折点判定:上游观察点至下游
            && em.turnLeft() && (em = mendChain(em.prev, et)).prev ! = hp)// 下游观察点至
上游
            ;
    return hp.next;
}


static void pairMergeChainsL(HE_edge Ep, HE_vert vL) {
```

```
    HE_edge e，f；
    if（！Ep.vert.isPivot()&&(e = vL.orientateCCW(Ep))！= Ep)// Ep 左侧被切割后连接至 Ep.
vert 的边起始位置
        for (；(f = e.CW())！= Ep &&(e = f.CW())！= Ep；)
            pairMergeChains(f);// Ep 左侧成对合并
}


static void quartation(HE_edge Ep，HE_edge Ec) {        // 以下是四环分解 Quartation
    HE_edge epp = Ep.pair；
    epp = epp.addRing(middle(epp.next，Ec));// 与右侧中边连接
    epp = epp.addDiagCheck(Ec);// 前方延伸
    middle(Ec，Ep).addRing(epp);// 左侧中边与延伸边连接
}


static private void pairMergeChainsR(HE_edge Ep，HE_vert vR) {
    if（Ep.vert.isPivot()）
        return；
    HE_edge e = vR.orientateCW(Ep)，f；
    if（(e = e.CCW())！= Ep)// Ep 右侧被切割后连接至 Vl 的边起始位置
        for (；(f = e.CCW())！= Ep &&(e = f.CCW())！= Ep；)
            pairMergeChains(f);// Ep 右侧成对合并
}


static private void pairMergeChains(HE_edge em) {
    HE_edge mp = em.pair；
    if（mp.vert.isPivot() || mp.vert.back == null
        || online &&(mp.vert.isOnQ() || em.prev.prev.vert.isOnQ() || mp.next.next.pair.vert.
isOnQ()
            || mp == guard[0][0] || mp.pair == guard[0][0] || mp == guard[1][0] || mp.pair =
= guard[1][0]))
            return；
    if（mp.monoSide(em.prev) && mp.monoSide(mp.next.pair)）
        pairMergeChainsNoCheck(em);
}


static void pairMergeChainsNoCheck(HE_edge em) {
    HE_edge n = em.next，p = em.prev；
    em.guardToUpdate();
    mergeMendChains(em.remove().next，n，p);// 将两个环的公共边删除,合并为一个大环
}
```

```
static private void mergeMendChains(HE_edge eh, HE_edge em, HE_edge et) {
  HE_edge H = mendChain(eh, em);
  mergeChains(H, mendChain(em, et), et);
}


public Point trim(Point p, HE_vert q) {
  return q.isOnQ() ? p.add(q.mult(perimeter * 9)).trim(xy) : q;
}


public Point hub(HE_edge e) {
  HE_vert p = e.vert, q;
  return p.isOnP() ? p
    : trim((q = e.pair.vert).isOnP() ? q
        : e.prev != null && (q = e.prev.vert).isOnP() ? q
          : e.next.pair.vert,
       p);
}


private void calcExtent(HE_vert vn) {
  double ab[] = { vn.x(), vn.y() }, d;
  for (int i = -1; ++i<2;)
    if ((d = ab[i])<xy[0][i]) // xy 范围测定
      xy[0][i] = d;// minX,minY
    else if (d>xy[1][i])
      xy[1][i] = d;// maxX,maxY
}


public Partition(HE_vert v1, HE_vert v2) {
  part = this;
  sID = 0;
  guard = guard0;
  forward[0] = forward[1] = 0;
  lastRegion[0] = lastRegion[1] = null;
  lChildren.add(new LinkedList<Region>());
  lChildren.add(new LinkedList<Region>());
  Vl = V1 = v1;
  xy[0][0] = xy[1][0] = V1.x();
  xy[0][1] = xy[1][1] = V1.y();
  HE_edge e = V1.addBorder(Vn = v2);
  quad = init(e.link(e.pair.link(e)));// 四个构造点形成的四边形
  calcExtent(Vn);
```

```java
    }

    private boolean isOnQi(HE_vert v) {
        return v.isOnQ((lRegion == null ? quad : lRegion.quad).vert);
    }

    private void setGuard(Region r, HE_edge Ep) {
        r.setShield(Ep);
        if (r.guard != null &&lRegion != r) {
            lRegion = r;
            guard = r.guard;
        }
    }

    static private HE_edge cornerL(HE_edge o) {
        while (o.prev.vert.isOnQ())
            o = o.prev.CCW();
        return o;
    }

    static private HE_edge cornerR(HE_edge o) {
        while (o.CW().pair.vert.isOnQ())
            o = o.CW().next;
        return o;
    }

    public boolean add(HE_vert v) {
        if (v == null || v == HE_vert.vtBase) {
            Vl = Vn;
            return false;
        }
        if (Vn.equals(v)) {
            System.out.print("\n" + N + new String[] { ":顶点重合!", ":Points are coincided!" }[PartitionAp.language]);
            return true;
        }
        if (((Point) v).along(Vn, Vl)) {      // Vn_is_Vn−1, Vl_is_Vn−2
            String s[] = { "顶点与最后一条边重合!", "Point is along the last edge!" };
            throw new RuntimeException(s[PartitionAp.language]);
        }
        Vl = Vn;
```

```
Vn = V1.equals(v) ? V1 : v;
HE_edge Er = Vn.orientateCW(V1.back), Ec = Er.next;// 获取正确方位,1~4 次循环
if (Vn ! = V1) {// 中间一般位置顶点
  calcExtent(Vn);
  perimeter = xy[1][0] - xy[0][0] + xy[1][1] - xy[0][1];// maxX-minX+maxY-minY
  double p = perimeter * 0.8;
  xy[2][0] = xy[0][0] - p;
  xy[2][1] = xy[0][1] - p;
  xy[3][0] = xy[1][0] + p;
  xy[3][1] = xy[1][1] + p;
  xy[4][0] = (xy[0][0] + xy[1][0]) / 2;
  xy[4][1] = (xy[1][1] + xy[1][1]) / 2;
  N++;
// System.out.print("\n" + N);
} else if (Ec.vert == V1) {     // V1==Vn 顶点重合,且边已闭合,结束剖分
  V1.border(Er);// 首尾相连
  V1.setSide();
  return false;
}
HE_edge Ep = V1.addBorder(Vn);// the_edge_of_probe
Ep.link(Ep.pair.inserTo(Er));
V1.setSide();
Ep.setEnclose(Er.enclose);
int i;
Region r, ri;
ArrayList<ArrayList<Region>>lThrough = new ArrayList<ArrayList<Region>>();
lThrough.add(new ArrayList<Region>());
lThrough.add(new ArrayList<Region>());
for (i = 0; i<2; i++)
  for (ArrayList<Region>l = lThrough.get(i); (r = lastRegion[i]) ! = null;) {
    if (r.isOut(Ep)) {
      l.add(r);
      lastRegion[i] = r.parent;
      r.setShield(Ep);
    } else {
      Ep.pair.setEnclose(r);
      break;
    }
  }
HE_edge e = V1.back.CW();
if (isOnQi(e.pair.vert) || e ! = V1.forth && isOnQi((e = e.CW()).pair.vert)
```

```
    || e ! = Vl. forth && isOnQi((e = e. CW()). pair. vert)) {
  if (guard[0][0] == null)
    guard[0][0] = e;
  guard[0][1] = e. pair;
  if (isOnQi((e = e. CW()). pair. vert)) {
    guard[0][1] = e. pair;
    if (isOnQi((e = e. CW()). pair. vert))
      guard[0][1] = e. pair;
  }
}
e = Vl. back. CCW();
if (isOnQi(e. pair. vert) || e ! = Vl. forth && isOnQi((e = e. CCW()). pair. vert)
    || e ! = Vl. forth && isOnQi((e = e. CCW()). pair. vert)) {
  if (guard[1][0] == null)
    guard[1][0] = e. pair;
  guard[1][1] = e. pair;
  if (isOnQi((e = e. CCW()). pair. vert)) {
    guard[1][1] = e. pair;
    if (isOnQi((e = e. CCW()). pair. vert))
      guard[1][1] = e. pair;
  }
}
boolean cutL = false, cutR = false;
if (Er == Vl. back || Er. onLeft(Vn)) {      // Er==Vl. back 不可能共线,否则 Vl. back 与 Ep 重
合,为非法
    HE_edge eR[] = { Er, mendChain(Ec, Ep. prev) }, eL[] = { Ep. prev, Ep };
    HE_vert vR = eR[1]. vert, vL = eL[0]. vert;// vp = null;
    while (true) {      // 核心顶点插入程序
      HE_edge eF[] = new Chain(eR[1], eL[0]). locate(Ep);// Ef 前方边
      if (eF[0] == null) {      // CanceledByTHRESHOLD 产生新的区域
        i = (r = new Region(eR, eL, eF[1])). gate. left ? 0 : 1;
        setGuard(r, Ep);
        LinkedList<Region>ll = lastRegion[i] == null ? lChildren. get(i) : lastRegion[i]. chil-
dren;
        for (Iterator<Region>iter = ll. iterator(); iter. hasNext();) {
          Region r1 = iter. next();
          if (r. minID<r1. minID) {
            iter. remove();
            r1. setParentLast(r);
          } else
            break;
```

```
            }
        r. setParentFirst(lastRegion[i], ll);
        Ep. pair. setEnclose(lastRegion[i] = r);
        continue;
    }
    if (eF[0] instanceof Gate && ! eF[0].onLeft(Vn))
        throw new RuntimeException(N + new String[] { " 内侧外翻!", " inside out!" }[Partition-
Ap. language]);
        boolean isCollinear = eF[0] == eF[1];
        if (isCollinear) {        // 以下共线 collinear
        eR[0] = eR[0].next;// 留出一段,避免翻卷成环时与 Ep 重合
        eL[1] = eL[1].prev;// 留出一段,避免翻卷成环时与 Ep 重合
        }
        try {
        if (eF[0] ! = eR[1]) {        // sideMergeR 右侧翻卷成环
        boolean b = eR[1] == guard[0][1] || (e = eR[1].next) == guard[0][1] && e ! = eF
[0];
            HE_edge eM = mendChain(eR[1], eF[0]);
            if (b && isOnQi(eM.vert))
                guard[0][1] = eM;
            if (eR[0] == eR[1])
                eR[0] = eM;
            else if (eM.turnLeft())
                eR[0] = mergeChains(eR[0], eM, eF[0]);
        }
        if (eF[1] ! = eL[0]) {        // sideMergeL 左侧翻卷成环
            boolean b = (e = eL[0].prev).pair == guard[1][1] || (e = e.prev).pair == guard
[1][1] && e ! = eF[0];
            eF[1] = mendChain(eF[1], eL[0]);
            if (b && isOnQi(eF[1].pair.vert))
                guard[1][1] = eF[1].pair;
            if (eL[0] ! = eL[1] && eL[0].turnLeft())
                eF[1] = mergeChains(eF[1], eL[0], eL[1]);
        }
    } catch (Exception ex) {
        if ("addRing".equals(ex.getMessage().substring(0, 7)))
            throw new RuntimeException(
                new String[] { "多边形自相交!", "The polygon is self-intersected!" }[PartitionAp.
language]);
        else
            throw (RuntimeException) ex;
```

```
            }
        for (i = 0; i < 2; i++)
            for (int j = 0; j < 2; j++)
                if (eF[j]. left==(i==0)&&(r = eF[j]. enclose[i]) ! = null && Ep. pair. enclose[i] ! =
r && r. pivot ! = null && Vl ! = r. pivot[0] && Vl ! = r. pivot[1])
                    do {
                        if (r. pivot ! = null && r. isInto(Ep)) {
                            setGuard(r, Ep);
                            Ep. pair. setEnclose(lastRegion[i] = r);
                            while ((r = r. parent) ! = null && r. pivot ! = null && r. isInto(Ep))
                                setGuard(r, Ep);
                            break;
                        }
                    } while ((r = r. parent) ! = null && r. minID<ri. minID && r. pivot[iˆ1]. ID>ri. pivot[iˆ
1]. ID);
        if (isCollinear) {
            if (eF[1]. vert == Vn)// 不能以 eF[1]. vert==V1 进行判断
                Ep. inserTo(eF[1]);// V1==Vn 多边形闭合,剖分结束
            else {
                if (! Vn. between(Vl, eF[1]. vert))
                    throw new RuntimeException(new String[] { "多边形自相交!",
                        "The polygon is self-intersected!" }[PartitionAp. language]);
                quartation(Ep, eF[1]);
            }
            break;// finish
        }
        if (Ep. edgePassEdge(eF[0])) {      // 有被切割边,进行切割处理,并继续循环(此处 Ep 与 tar-
get[0]的端点不可能共线)
            eL[0] = eF[1];
            if (eF[0]. isDiag()) {
                eF[0]. treatConcavePair();
                if (eF[0] == guard[0][0]) {
                    cutL = true;
                    HE_edge from = guard[0][0]. pair, o, p;
                    while (from. lOrth(o = cornerL(guard[0][0]. pair)) < 3 && mendChain(o. next, p =
o. prev) ! = null//
                            && Vl ! = p. vert && Ep. edgePassEdge(p))
                        guard[0][0] = p;
                    if (eF[0] == guard[0][0]) {
                        guard[0][0] = guard[0][0]. CW();
                        while (guard[0][0]. pair. vert. isOnP())
```

```
                  guard[0][0] = guard[0][0].next;
              }
              forward[0] = from.lOrth(guard[0][0].pair);
          } else if (eF[0].pair == guard[0][0]) {
              guard[0][0] = null;//
              forward[0] = 0;
          }
          if (eF[0] == guard[1][0]) {
              cutR = true;
              HE_edge from = guard[1][0], o, p;
              while (from.rOrth(o = cornerR(guard[1][0])) < 3 && mendChain((p = o.CW()).
next, o.pair) != null
                      && Vl != p.pair.vert && Ep.edgePassEdge(p))
                  guard[1][0] = p;
              if (eF[0] == guard[1][0]) {
                  guard[1][0] = guard[1][0].endCCW();
                  while (guard[1][0].vert.isOnP())
                      guard[1][0] = guard[1][0].prev;
              }
              forward[1] = from.rOrth(guard[1][0]);
          } else if (eF[0].pair == guard[1][0]) {
              guard[1][0] = null;
              forward[1] = 0;
          }
          if (isOnQi(eF[1].vert)) {
              if (cutL && eF[0].endCCW().vert.isOnQ())
                  forward[0]--;// vp = eF[1].vert;
              guard[0][1] = eF[0].pair;
          }
          if (isOnQi(eF[0].vert)) {
              if (cutR && eF[0].CW().pair.vert.isOnQ())
                  forward[1]--;// vp = eF[0].vert;
              guard[1][1] = eF[0];
          }
          eF[0].guardToUpdate();
          eR[1] = eF[0].remove();
      } else
      throw new RuntimeException(
          new String[] { "多边形自相交!", "The polygon is self-intersected!" }[PartitionAp.
language]);
      } else {      // 以下没有切割边
```

```
    HE_edge er = mendChain(Ep.next, eF[0]);// 若执行了 eConcaveR.addDiagCheck(Ep.
pair),则 Ep.next! =Ep.pair
        if (isOnQi(eF[0].vert) && (guard[1][1] = eF[0].CCW()).pair ! = guard[0][0]&& round-
TurnL())
            guard[0][1] = guard[1][1];
        if (er.next ! = eF[0])// 右侧成环
            er.next.addRing(eF[1]);// 在 vn 是端点的凹链上增加连接使 vn 不再位于凹环关键点
        HE_edge el = mendChain(eF[1], er);
        if (isOnQi(eF[1].vert) && (guard[0][1] = el) ! = guard[1][0] && roundTurnR())
            guard[1][1] = guard[0][1];
        if (el.next ! = er)// 左侧成环
            eF[0].addRing(er.prev);// 在 vn 是端点的凹链上增加连接使 vn 不再位于凹环关键点
        break;
    }
  }
    pairMergeChainsR(Ep, vR);
    pairMergeChainsL(Ep, vL);
} else {        // Vn.along(Vl,Er.pair.vert)Er 与 Ep 共线
    if (Er.pair == guard[1][0]) {
      if (guard[1][0].vert.isOnP())
        throw new RuntimeException("test");
      v = guard[1][0].pair.vert;
      if ((guard[1][0] = guard[1][0].CCW()).pair.vert.isOnQ())
        guard[1][0] = guard[1][0].prev.CCW();
      if (guard[1][0].pair.left || v.isForth(guard[1][0].pair.vert))
        guard[1][0] = null;
      else {
        guard[1][1] = guard[1][0];
        while (guard[1][0].prev.vert.isOnQ())
          guard[1][0] = guard[1][0].prev.CCW();
      }
    }
    Er.guardToUpdate();
    mendChain(Er.remove().next, Ec);// 重合处理,链首至共线边
    Ec = mendChain(Ec, Ep.prev);
    quartation(Ep, Ec);// Ep,共线边至链尾
    if (isOnQi(Ec.vert)) {
      if ((guard[0][1] = Ep.endCW()).vert.isOnP())
        guard[0][1] = guard[0][1].endCW();
      if ((guard[1][1] = Ep.endCCW()).vert.isOnP())
        guard[1][1] = guard[1][1].endCCW();
```

```
    }
  }
  if (guard[0][0] == null && isOnQi((e = Ep.prev).vert)) {
    guard[0][1] = e;
    while (isOnQi((e = e.endCCW()).vert))
      ;
    guard[0][0] = e.next;
    if (isOnQi((e = guard[0][0].next.next).vert) && e.next.vert ! = guard[0][0].vert && e.pair.
left)
      guard[0][0] = guard[0][0].next.endCW();
  }
  if (guard[0][0] ! = null) {
    do {
      while ((e = guard[0][0].endCW()).vert.isOnP() && e.vert ! = V1 && e.left
        && e.vert.isForth(guard[0][0].vert))
        guard[0][0] = e;
      while ((e = guard[0][0].CCW()).pair.vert.isOnQ()) {
        guard[0][0] = e;
        forward[0]--;
      }
    } while ((e = guard[0][0].endCW()).vert.isOnP() && e.vert ! = V1 && e.left
      && e.vert.isForth(guard[0][0].vert));
    if (forward[0]<0)
      forward[0] = 0;
  }
  if (guard[1][0] == null && isOnQi((e = Ep.pair.endCW()).vert)) {
    guard[1][1] = e;
    while (isOnQi((e = e.endCW()).vert))
      ;
    guard[1][0] = e.endCCW();
    if (isOnQi((e = guard[1][0].prev).vert) && e.prev.vert ! = guard[1][0].next.vert && ! e.
prev.left)
      guard[1][0] = guard[1][0].prev.CCW();
  }
  if (guard[1][0] ! = null) {
    do {
      while ((e = guard[1][0].prev).vert.isOnP() && ! e.left && e.vert.isForth(guard[1][0].pair.
vert))
        guard[1][0] = e.pair;
      while ((e = guard[1][0].endCW()).vert.isOnQ()) {
        guard[1][0] = e;
```

```
        forward[1]－－;
    }
} while ((e = guard[1][0].prev).vert.isOnP() && !e.left && e.vert.isForth(guard[1][0].pair.
vert));
    if (forward[1]<0)
        forward[1] = 0;
}
for (ArrayList<Region>l : lThrough) {
    int j = l.size();
    if (j>maxLevel) {
        LinkedList<Region>ll = new LinkedList<Region>();
        ll.add(r = l.get(j － 1));
        (r.parent == null ? lChildren.get(r.gate.left ? 0 : 1) : r.parent.children).remove(r);
        online = false;
        ArrayList<HE_edge>residue = new ArrayList<HE_edge>();
        regionFusion(ll, residue);
        residueCheck(residue);
        online = true;
    }
    l.clear();
}
lThrough.clear();
return Vl ! = Vn;
}


public boolean addRandom(HE_vert v) {
    if (v == null || v == HE_vert.vtBase/* || N == 787 */) {
        Vl = Vn;
        return false;
    }
    if (Vn.equals(v)) {
        System.out.print("\n" + N + new String[]{ ":顶点重合!", ":Points are coincided!" }[Par-
titionAp.language]);
        return true;
    }
    if (((Point)v).along(Vn, Vl)) {      // Vn_is_Vn－1, Vl_is_Vn－2
        String s[] = { "顶点与最后一条边重合!", "Point is along the last edge!" };
        v.moveTo(Vn.sub(v).add(Vn));
        System.out.print("\n" + s[PartitionAp.language]);
    }
    Vl = Vn;
```

```
Vn = V1. equals(v) ? V1 : v;
HE_edge Er = Vn. orientateCW(Vl. back)，Ec = Er. next;// 获取正确方位,1～4 次循环
if (Vn ! = V1) {        // 中间一般位置顶点
  calcExtent(Vn);
  perimeter = xy[1][0] − xy[0][0] + xy[1][1] − xy[0][1];// maxX−minX+maxY−minY
  double p = perimeter * 0.8;
  xy[2][0] = xy[0][0] − p;
  xy[2][1] = xy[0][1] − p;
  xy[3][0] = xy[1][0] + p;
  xy[3][1] = xy[1][1] + p;
  xy[4][0] = (xy[0][0] + xy[1][0]) / 2;
  xy[4][1] = (xy[1][1] + xy[1][1]) / 2;
  N++;
} else if (Ec. vert == V1) {        // V1==Vn 顶点重合,且边已闭合,结束剖分
  Vl. border(Er);// 首尾相连
  Vl. setSide();
  return false;
}
HE_edge Ep = Vl. addBorder(Vn);// the_edge_of_probe
Ep. link(Ep. pair. inserTo(Er));
Vl. setSide();
if (Er == Vl. back || Er. onLeft(Vn)) {        // Er==Vl. back 不可能共线,否则 Vl. back 与 Ep 重
合,为非法
    HE_edge eR[] = { Er, Ec }, eL[] = { Ep. prev, Ep };
    HE_vert vR = eR[1]. vert, vL = eL[0]. vert, vRandomR = null, vRandomL = null;
    while (true) {        // 核心顶点插入程序
      HE_edge eF[] = new Chain(eR[1], eL[0]). locate(Ep);// Ef 前方边
      boolean isCollinear = eF[0] == eF[1];
      if (isCollinear) {        // 以下共线 collinear
        eR[0] = eR[0]. next;// 留出一段,避免翻卷成环时与 Ep 重合
        eL[1] = eL[1]. prev;// 留出一段,避免翻卷成环时与 Ep 重合
      }
      try {
        if (eF[0] ! = eR[1]) {        // sideMergeR 右侧翻卷成环
          HE_edge eM = mendChain(eR[1], eF[0]);
          if (eR[0] == eR[1])
            eR[0] = eM;
          else if (eM. turnLeft())
            eR[0] = mergeChains(eR[0], eM, eF[0]);
        }
        if (eF[1] ! = eL[0]) {        // sideMergeL 左侧翻卷成环
```

```
                eF[1] = mendChain(eF[1], eL[0]);
                if (eL[0] ! = eL[1] && eL[0].turnLeft())
                    eF[1] = mergeChains(eF[1], eL[0], eL[1]);
            }
        } catch (Exception e) {
            if ("addRing".equals(e.getMessage().substring(0, 7)))
                throw new RuntimeException(
                    new String[]{ "多边形自相交!", "The polygon is self-intersected!" }[PartitionAp.
language]);
            else
                throw (RuntimeException) e;
        }
        if (isCollinear) {
            if (eF[1].vert == Vn)// 不能以 eF[1].vert==V1 进行判断
                Ep.inserTo(eF[1]);// V1==Vn 多边形闭合,剖分结束
            else {
                if (! Vn.between(Vl, eF[1].vert)) {
                    Point p1 = vRandomR == null ? Vl
                        : new Intersect(0xf0, Vl, Vn, vRandomR.isOnP() ? vRandomR : vRandomL.add
(vRandomR),
                        vRandomL.isOnP() ? vRandomL : vRandomR.add(vRandomL)).intersection();
                    Point p2 = eF[1].vert;
                    if (p1 == null)
                        throw new RuntimeException("p1==null");
                    Vn.moveTo(p1.mid(p2));
                }
                quartation(Ep, eF[1]);
            }
            break;// finish
        }
        if (Ep.edgePassEdge(eF[0])) {        // 有被切割边,进行切割处理,并继续循环(此处 Ep 与 target
[0]的端点不可能共线)
            eL[0] = eF[1];
            if (eF[0].isDiag()) {
                vRandomR = eF[0].vert;
                vRandomL = eF[1].vert;
                eF[0].treatConcavePair();
                eR[1] = eF[0].remove();
            } else {
                Point p1 = vRandomR == null ? Vl
                    : new Intersect(0xf0, Vl, Vn, vRandomR.isOnP() ? vRandomR : vRandomL.add(vRan-
```

```
domR),
                vRandomL.isOnP() ? vRandomL : vRandomR.add(vRandomL)).intersection();
        Point p2 = new Intersect(0xf0, Vl, Vn, eF[0].vert, eF[1].vert).intersection();
        if (p1 == null || p2 == null)
          throw new RuntimeException("Intersect==null");
        Vn.moveTo(p1.mid(p2));
        if (dup != null && Vn.x() == dup.x() && Vn.y() == dup.y())
          throw new RuntimeException("dup");
        dup = Vn;
        eR[1] = eF[0];
      }
    } else {      // 以下没有切割边
      HE_edge er = mendChain(Ep.next, eF[0]);// 若执行了 eConcaveR.addDiagCheck(Ep.pair),
则 Ep.next! =Ep.pair
      if (er.next ! = eF[0])// 右侧成环
      er.next.addRing(eF[1]);// 在 vn 是端点的凹链上增加连接使 vn 不再位于凹环关键点
      HE_edge el = mendChain(eF[1], er);
      if (el.next ! = er)// 左侧成环
      eF[0].addRing(er.prev);// 在 vn 是端点的凹链上增加连接使 vn 不再位于凹环关键点
      break;
    }
  }
  pairMergeChainsR(Ep, vR);
  pairMergeChainsL(Ep, vL);
} else {      // Vn.along(Vl,Er.pair.vert)Er 与 Ep 共线
  mendChain(Er.remove().next, Ec);// 重合处理,链首至共线边
  if (! Vn.between(Vl, Ec.vert))
    Vn.moveTo(Vl.mid(Ec.vert));
  Ec = mendChain(Ec, Ep.prev);
  quartation(Ep, Ec);// Ep,共线边至链尾
}
  return Vl ! = Vn;
}

static boolean isResidue(HE_edge e) {
  return (e = e.next).isDiag() || (e = e.next).isDiag() || (e = e.next).isDiag() || e.next.isDiag
();
}

private void regionFusion(Region r {
  if (r.pivot == null)
```

```
      return；
    for (Region child ：r. children)
    if (child. parent == r)
      regionFusion(child)；
    r. children. clear()；size++；
    boolean b = r. guard == null；
    HE_edge quardi = r. regionFusion()；
    if (quardi ! = quad && isResidue(quardi)) {        // 子区域翻转为根区域
      if (isResidue(quad))
        residue. add(quad)；
      quad = quardi；
      if (b)
      throw new RuntimeException("inside out")；
    }
  }


private void regionFusion(LinkedList<Region>l) {
  Region. nest = size = 0；
  for (Region r ：l)
    regionFusion(r)；
  if (size>0)
    System. out. print(new String[] { "\n 合并了", "\nMelt " }[PartitionAp. language] + size+
        (l. get(0). gate. left ? new String[] { "个左侧", " Left " }
         ： new String[] { "个右侧", " Right " })[PartitionAp. language]+
        new String[] { "子区域...", "sub－Region" + (size>1 ? "s..." ： "...") }[PartitionAp.
language])；
    l. clear()；
}


public void offline() {
  System. out. print("\n" + Vl. ID + new String[] { "顶点被插入多" + (Vl. back == null ? "段
线" ："边形"),
    " vertices added into the poly" + (Vl. back == null ? "line" ： "gon") }[PartitionAp. lan-
guage])；
  if (Vl. back ! = null)
    Vl. setSide()；
//    sideCheck()；
    perimeter = xy[1][0] － xy[0][0] + xy[1][1] － xy[0][1]；// maxX－minX+maxY－minY
    double p = perimeter * 0. 8；
    xy[2][0] = xy[0][0] － p；
    xy[2][1] = xy[0][1] － p；
```

```
        xy[3][0] = xy[1][0] + p;
        xy[3][1] = xy[1][1] + p;
        xy[4][0] = (xy[0][0] + xy[1][0]) / 2;
        xy[4][1] = (xy[1][1] + xy[1][1]) / 2;
        part = this;
        ArrayList<HE_edge>residue = new ArrayList<HE_edge>();
        for (LinkedList<Region>l : lChildren)
          regionFusion(l);
        lChildren.clear();
        if (! isResidue(quad))
          for (int i = residue.size(); i-->0;) {
            HE_edge quardi = residue.get(i);
            residue.remove(i);
            if (isResidue(quardi)) {
              quad = quardi;
              break;
            }
          }
        for (int i = residue.size(); i-->0;)
          if (isResidue(residue.get(i)))
            throw new RuntimeException("residue");
        residue.clear();
        if (V1.back ! = null && quad.prev.left) {      // 多边形外侧在左侧
          System.out.print(new String[] { "\n 多边形方向倒置", "\nReverse direction" }[Partition-
Ap.language] + "...");
            Vn = Vl;
            Vl = V1;
            V1 = Vn;
            do
              Vn.reverse(N - Vn.ID);
            while ((Vn = Vn.nextV()) ! = V1);
        }
        boolean bothSides = ! PartitionPanel.isSelected(3) || ! PartitionPanel.isEnabled(3) || V1.
back == null;
        if (bothSides && PartitionPanel.isSelected(4))
          convexHull();// 确定凸包
        if (PartitionPanel.isSelected(5))
          new Triangulate(bothSides, this).traversalRing();
      }

      private void convexHull() {
```

```
    int i;
    HE_edge ei, en, ep, em, corner[] = new HE_edge[4];
    for (i = 0, ei = quad; i<4; ei = en.vert.forth, i++) {        // 使拐角两个方向的边 ep、en 形
成直角等腰三角形
        HE_vert p = (ep = ei.prev).vert;// ei:斜边;ep:直角三角形指向内部的底边;p:底边的内端
顶点
        HE_vert n = (en = ei.next).pair.vert;// en:高的逆向边;n:高的下端顶点
        if (p != n)// 若尚未形成直角三角形
            if (en.inFan(ep))// p 点的外包矩形较大
                ep.addDiagCheck(en);// p 点连至高顶点
            else
                en.next.addDiagCheck(ei);// 否则 n 点连至底边外端
    }
    for (i = 0, ei = quad; i<4; ei = ei.pair.vert.forth, i++) {
        HE_edge el = ei.vert.back.CW(), er = ei.CCW(); // the_head,the_left_of_virtual[i+1]
        if (el != er) {
            HE_edge lm = el.CW(), lp = el.pair, ln = el.next;
            em = mendChain(lm.next, lp);
            while (lm != er)// 两两合并
                em = mergeChains(mendChain((lm = lm.remove()).next, em), em, lp);
            er.remove();
            el.remove();
            for (er = em, el = ln; er != el; er = er.next, el = el.prev) {        // 从两端向中间作
比较
                if (er.pair.vert.innerThan(i, er.vert)) {
                    el = er;
                    break;
                }
                if (el == er.next || el.prev.vert.innerThan(i, el.vert))
                    break;
            }
            ei.addDiagCheck(el);// 极值点
            if (el != em)
                corner[i] = em;
        }
    }
    for (i = 0, ei = quad; i<4; ei = ei.pair.vert.forth, i++)
        if ((em = corner[i]) != null && em.prev.vert.isOnP() && em.turnLeft())
            mergeMendChains(ei.next.next, em, ei.prev);
    }
}
```

2.4 Region.java

```java
package site;

/* *
 * @author Qian Jingping
 */

import java.util.LinkedList;

import calc.Intersect;
import edge.Chain;
import edge.Gate;
import edge.HE_edge;
import main.PartitionAp;
import point.HE_vert;
import point.Point;

public class Region {
    static int nest;

    private Region linked;
    private boolean locked, isDiag;
    private HE_edge cross, toP1, P1, p1p, lp1, lp2, shield;

    HE_edge quad, guard[][];
    Region parent;
    LinkedList<Region>children = new LinkedList<Region>();
    int minID;

    public HE_vert pivot[];// redundant:gate.vert,gate.pair.vert
    public Gate gate;

    void setShield(HE_edge e) {
        shield = e;
    }

    void setParentFirst(Region r, LinkedList<Region>l) {
        ((parent = r) ! = null ? r.children : l).addFirst(this);
```

```
    }

    void setParentLast(Region r) {
        (parent = r).children.addLast(this);
    }

    HE_vert outV() {
        Point p = new Intersect(0xf, shield.vert, shield.pair.vert, pivot[0], pivot[1]).intersection();
        return p == null ? null : new HE_vert(0, p.x(), p.y());
    }

    boolean isOut(HE_edge e) {
        HE_vert v = outV();
        return v ! = null && (gate.left ? e.edgePassEdge(v, pivot[0]) : e.edgePassEdge(pivot[1],
v));
    }

    HE_vert intoV() {
        Point p = new Intersect(0x3, shield.vert, shield.pair.vert, pivot[1], pivot[0]).intersection
();
        return p == null ? null : new HE_vert(0, p.x(), p.y());
    }

    boolean isInto(HE_edge e) {
        HE_vert v = intoV();
        return v ! = null && (gate.left ? e.edgePassEdge(pivot[0], v) : e.edgePassEdge(v, pivot
[1]));
    }

    public Region(HE_edge eR[], HE_edge eL[], HE_edge ex) {
        HE_edge rTailPrev = eR[1].prev, e;
        int i, j;
        if (new Chain(eR[1], eL[0]).type() == 3) {
            i = j = eR[1].left ? 1 : 0;// 添加 0 右/1 左侧边成为尾/首凹链
        } else {
            i = 1;
            j = 0;
        }
        pivot = new HE_vert[] { eR[i].vert, eL[j].vert };
        pivot[0].setPivot(this);
        pivot[1].setPivot(this);
```

```
            gate = eR[i].addGate(eL[j]);// 虚拟连接,不可能被在线检测出来的边
            quad = Partition.init(gate);
            minID = pivot[gate.left ? 0 : 1].ID;
            if (ex ! = null)
                guard = new HE_edge[][] { { null, null }, { null, null } };
            if (i == j)
                if (i == 0) {       // 尾凹链
                    while (! eL[1].CW().onLeft(eL[1].pair.vert))
                        eL[1].CW().remove();
                    rTailPrev = eR[0] = eL[1].CW();
                } else {       // 首凹链
                    while (! eL[1].onLeft(eL[1].CCW().pair.vert))
                        eL[1].CCW().remove();
                    eL[0] = eL[1].prev;
                }
            eR[1] = rTailPrev.next;
            for (e = gate; isOnCurrentQ((e = e.endCW()).vert);) {       // 最多循环 4 次
                e.setEnclose(this);
                e.prev.setEnclose(this);
            }
            for (e = e.endCCW(); e.vert ! = pivot[0]; e = e.prev)// 最多循环 3 次
                e.setEnclose(this);
            for (e.setEnclose(this); (e = e.CW()) ! = gate;) {       // 最多循环 4 次
                e.setEnclose(this);
                e.next.setEnclose(this);
            }
        }


    private boolean isOnCurrentQ(HE_vert v) {
        return v.isOnQ(quad.vert);
    }


    private HE_edge[] preTreatment() {
    nest++;
    if (nest>1)
        System.out.print("(" + nest + ",");
    for (HE_edge Ep = gate.CW(), El = Ep.CW(), Er, e, rLast = null, fLast = null, sLast =
null;; Ep = Ep.remove(), El = Er) {       // leftHandEdge,Ep
        while (Ep.pair.vert.isOnQ())
            Ep = Ep.remove();
        Er = Ep.pair.vert.orientateCW(El);// 折叠剖分中的定向搜索
```

```
            HE_vert v = Er. pair. vert;
            if (Ep. pair. vert. along(pivot[0], v)) {
                if (! Ep. isDiag() || v. isOnQ()) {        // 共线
                    Partition. middle(Er. next, Er);// left
                    Partition. middle(Er. pair. next, Er. pair);// right
                    Er = Er. remove();
                    return new HE_edge[] { Ep, Er };
                }
            } else {        // 查找被替代的链起始边在替代后的剖分中的位置
                HE_edge ret[] = { Ep, Er };
                if (! Ep. isDiag())
                    return ret;
                HE_edge pf[] = { Ep, Er == rLast ? fLast : Er. prev, Er == rLast && sLast ! = null ?
sLast : Er };// [probe,front,start]
                do {
                    while (! Ep. rayPassEdge(pf[1] = pf[1]. prev) || ! onRight(pf))
                        ;
                    if (pf[1]. onLeft(Ep. pair. vert)) {
                        return ret;// else,Ep ╳ Ef 相交,删除 Ep,包括 El. vert 是虚拟顶点在内
                    }
                } while (pf[1]. vert. isOnQ() && (sLast = pf[2] = pf[1] = pf[1]. pair) ! = null);
                if (sLast == null || (e = Ep. CW()). pair. vert. isOnP() && e. rayPassEdge(sLast. pair)) {
                    rLast = Er;
                    fLast = pf[1]. next;
                } else
                    rLast = null;
            }
        }
    }

    public HE_edge regionFusion() {
        if (locked)
            return quad;
        locked = true;
        HE_edge pr[] = preTreatment();// [probe,right]
        pr[1]. prev. link(pr[0]);
        gate. pair. link(pr[1]);
        pr[1] = null;
        while (pr[0]. prev. vert. isOnQ())
            pr[0]. prev. remove();
        for (HE_vert vL = null;;) {        // 将 pivot[0]的临近点序列由内外折叠型分离为内外两套独立
```

的序列

```
if (isPivot(pr[0].vert)) {
  Region rCaller = pr[0].vert.region;
  if (rCaller ! = this) {
    if (pr[0].vert == rCaller.pivot[1])
      while (pr[0].pair.vert.isOnQ())
        pr[0] = pr[0].remove();
    if (pr[0] == rCaller.gate.pair) {
      vL = pairMergeChainsL(pr[0], vL);
      pr[0] = pr[0].prev;
      rCaller.postTreatment(pr[0]);
      rCaller.linked.cross = null;
      pr[0] = pr[0].next;
      pr[1] = null;
    } else if (pr[0] == rCaller.gate
        || pr[0].vert == rCaller.pivot[0] && rCaller.isOnCurrentQ(pr[0].pair.vert))
      if (crossMeltFinishInAdvance(pr, rCaller))
        return quad;
  }
}
while (pr[0].pair.vert.isOnQ())
  pr[0] = pr[0].remove();
HE_edge Ep = pr[0], eF[] = CWsweeping(pr);
if (Ep ! = pr[0])
  vL = null;
if (eF == null) {
  while (! withinRegion1(pr[1].pair.vert))
    gate.endCCW().remove();
  break;
}
if ((Ep = pr[0]).vert == pivot[1]&& ! (Ep.edgePassEdge(eF[0]) && removable(Ep, eF
[0])))
  break;
if (eF[1] == null) {
  vL = pairMergeChainsL(Ep, vL);
  Region r = eF[0].vert.region;
  if (r.locked)
    throw new RuntimeException("locked");
  if (crossMeltFinishInAdvance(pr, r))
    return quad;
  continue;
```

```
            }
      if (eF[0] == eF[1]) {      // 以下共线 collinear
          vL = pairMergeChainsL(Ep, vL);
          pr[1] = null;
          HE_vert vn = Ep. pair. vert, vf = eF[1]. vert;
          if (vn == vf)
              if (vn == pivot[1])
                  break;// finish_melting
              else
                  System. out. print("\nWarning: vn == vf");
          Partition. middle(eF[1], Ep);// eF[1]. vert 可能被置为 null
          pr[0] = vf ! = vn && vf. between(Ep. vert, vn) ? Ep. remove() : Ep. next;
          continue;
      }
      pr[1] = eF[0]. next;
      if (eF[0] ! = gate && eF[1] ! = Ep && Ep. edgePassEdge(eF[0])) {      // 有被切割边,进行
切割处理,并继续循环
          if (removable(Ep, eF[0])) {
              Region r;
              if (isPivot(eF[1]. vert) && eF[0]. vert ! = pivot[0] && ! (r = eF[1]. vert. region). locked
                  && Ep. edgePassEdge(eF[0]. endCCW()) && eF[1]. vert ! = r. pivot[0] && ! eF[0].
pair. turnLeft())
                  eF[0]. treatConcavePair();
              if (vL == null)
                  vL = eF[1]. vert;
              eF[0]. remove();
              toP1 = null;
          } else {      // 命中边是多边形的边界 remove_current_Ep_and_set_next_Ep_for_closed_Pline_in
_Region_Melting
              if (! Ep. isDiag())
                  throw new RuntimeException(
                      new String[] { "多边形自相交!", "The polygon is self－intersected!" }[PartitionAp.
language]);
              if (Ep instanceof Gate)
                  throw new RuntimeException(new String[] { "被删除边是子区域出入口!",
                      "The edge to be removed is a Gate!" }[PartitionAp. language]);
              vL = pairMergeChainsL(Ep, vL);
              if (isPivot(Ep. vert)) {
                  Region r = Ep. vert. region;
                  if (! r. locked && Ep. vert == r. pivot[0] && r. withinRegion0(Ep. pair. vert)) {
                      if (crossMeltFinishInAdvance(pr, r))
```

```
            return quad;
                continue;
            }
        }
        while ((pr[0] = pr[0].remove()).isDiag() && pr[0].edgePassEdge(eF[0]) && ! removable
(pr[0], eF[0]))
            ;
        }
        continue;
    }
    vL = pairMergeChainsL(Ep, vL);
    if (pr[1] ! = Ep) {
        if (toP1 == null && eF[0].vert == pivot[1] && ! pr[1].turnLeft()) // 对于 ep 处于凹链
的情况,起始扫描边自上一次扫描结束位置 eF0.next 处
            toP1 = eF[0];
        if (Ep.turnLeft() && Ep.next.turnLeft() && Ep.CCW().turnLeft(Ep.next))
            pr[1] = Ep;
        }
        pr[0] = Ep.next;// 没有切割边
    }
    postTreatment(pr[0]);
    return quad;
}

private void postTreatment(HE_edge Ep) {
    if (nest>1)
        System.out.print(nest + ")");
    nest--;
    HE_edge Er = Ep.next;
    boolean outerQ = Er.vert == pivot[1] && Er.pair.vert.isOnQ() && ! isOnCurrentQ(Er.pair.
vert), outerG;
    if (outerQ)
        do {
            Er = Er.remove();
        } while (Er.pair.vert.isOnQ() && ! isOnCurrentQ(Er.pair.vert));
    for (Er = gate.CW(); Er ! = gate;)
        Er = Er.remove();// 清除 head 端 pivot[0] 的所有多余的顶点(Ep 右首的无限远点及可能的
pivot[0] 与 pivot[1] 之间的连线)
    Er = gate.next;
    outerG = isOnCurrentQ(Er.pair.vert) && Er.next.pair.vert.isOnP();// 该子区域在外围
    while (isOnCurrentQ(Er.pair.vert)) {
```

```
        HE_edge rccw = Er. endCCW();
        if (rccw. vert. isOnP() && ! rccw. turnLeft())
        Er. CW(). addDiagCheck(rccw);
      Er = Er. remove();// 清除 tail 端 pivot[1]的多余的 sub-Region 上的无限远顶点
    }
    Er = (Ep == gate. pair) ? Ep. CW() : null;
    if (cross ! = null)
      cross = Er ! = null ? Er : Ep. pair. vert == pivot[1] ? cross. next : Ep;
    HE_edge gn = gate. next;
    gate. remove();
    pivot[0]. setPivot(null);
    pivot[1]. setPivot(null);
    pivot[0] = pivot[1] = null;
    if (outerG && ! gn. turnLeft())
      CWsweeping(new HE_edge[] { gn, null });
    if (outerQ)
      CWsweeping(new HE_edge[] { Ep. next, null });
    if (cross == null)
      if (Er ! = null) {
        if (! Er. next. turnLeft())
          Er = Er. next;
        CWsweeping(new HE_edge[] { Er, null });
      } else if (Ep. next. pair. vert. isOnQ()) {
        for (Ep = Ep. next; Ep. pair. vert. isOnQ();)
          Ep = Ep. remove();
        CWsweeping(new HE_edge[] { Ep, null });
      }
    guard = null;
    pivot = null;
}


private boolean crossMeltFinishInAdvance(HE_edge pr[], Region r) {
    linked = r;
    r. cross = pr[0]. prev;
    r. regionFusion();// cross_have_been_changed
    if (pivot == null)// pivot_is_set_to_null_in_r. regionFusion()
      return true;
    pr[0] = r. cross;
    pr[1] = null;
    return false;
}
```

```
private HE_vert pairMergeChainsL(HE_edge Ep, HE_vert vL) {
  if (vL ! = null)
    Partition.pairMergeChainsL(Ep, vL);
  return null;
}


private boolean removable(HE_edge Ep, HE_edge eF) {
  if (! eF.isDiag())
    return false;
  HE_vert v;
  if (! Ep.isDiag() || Ep == gate.pair || (v = eF.vert).isOnQ())
    return true;
  if (v ! = pivot[0] && v ! = pivot[1]) {
    HE_edge e;
    if (Ep ! = lp1 || eF.next == (e = Ep.prev) || e.inFan(eF))
      return false;
    for (e = eF; (e = e.prev) ! = lp2 && ! e.vert.isPivot();)
      ;
    if (e == lp2)
      return false;
  }
  lp1 = Ep;
  lp2 = eF.CW();
  return true;
}


private boolean prevNotGate(HE_edge p1) {
  return p1.prev ! = gate.pair;
}


private HE_edge delete(HE_edge e) {
  HE_edge ret = e.next, p1 = e.prev.prev, p;
  do {
    do {
      if (! e.isDiag())
        return ret.prev;
      if ((p = e.pair).turnLeft() && p.next.turnLeft() && p.next.next.turnLeft())
        Partition.mendChain(p.next, p.prev);
      else
        Partition.middle(p.next, p);
      e = e.remove();
```

```
        Partition. mendChain(e. next，ret);
      } while (e. edgePassEdge(p1));
      if (p1. inFan(e) && p1. inFan(e. next)) {
        Partition. mendChain(p1，e);
        break;
      }
      Partition. mendChain(p1. next，e = e. next);
      } while (e. edgePassEdge(p1));
      return ret. prev;
    }


    private boolean passNotBack(HE_edge gpp，HE_edge probe) {
      HE_edge pn = probe. next，pnn，gppp = gpp. pair，limit = gate. pair. turnLeft() ? gate：gp-
pp;
      if (limit. rayPassEdge(probe))
        if (pn. turnLeft()) {
          if (! pn. turnLeft(gppp))
            return true;
        } else {
          for (pnn = pn；! (pnn = pnn. next). turnLeft();)
            ;
          if (pnn. next == gpp) {
            pn. addRing(gpp);
            return false;
          }
          return true;
        }
      for (boolean b = true;；pn = pnn) {
        if (probe. next ! = pn)
          if (b && (b = probe. prev. onLeft(pn. vert)))
            probe = Partition. mendChain(probe，pn);
          else
            Partition. mendChain(probe. next，pn);
        if (pn instanceof Gate && pn. vert. region. linked == this) {
          if (gppp. rayPassEdge(pn. pair) && gate. pair. onLeft(pn. vert)) {
            for (pnn = pn；(pnn = pnn. CW()). pair. vert. isOnQ();)
              ;
            if (pnn. onLeft(pn. pair. vert) && ! pnn. onLeft(pivot[1]))
              return false;
          }
          return true;
```

```
        }
    if ((pnn = pn. next) == gpp
        || probe. onLeft(pnn. vert) && gppp. rayPassEdge(pn. pair) && withinRegion1(pnn. vert))
        return false;
    if (limit. rayPassEdge(pn)
        && (! pnn. turnLeft() || ! pivot[1]. onLeft(probe. pair. vert, pnn. vert) && pnn. onLeft
(pivot[1]))
        || limit. onLeft(pnn. vert)
          && (limit. turnLeft(pnn) || ! pivot[1]. onLeft(probe. pair. vert, pnn. pair. vert)
            && gate. pair. onLeft(probe. pair. vert) && gate. onLeft(pnn. pair. vert)
            && ! (pnn. next. turnLeft() && pnn. next. vector(). dot(limit. vector())>0)))
        return true;
    }
}


private boolean withinRegion0(HE_vert v) {
    HE_vert vnp = gate. left ? pivot[0]. prevV() : pivot[0]. nextV();
    return v. inFan(false, pivot[0], gate. CW(). pair. vert, vnp);
}


private boolean withinRegion1(HE_vert v) {
    HE_vert vnp = gate. left ? pivot[1]. nextV() : pivot[1]. prevV();
    return v. inFan(false, pivot[1], vnp, gate. endCCW(). vert);
}


private boolean ringTrapCCW(HE_edge p[]) {
    HE_edge er = p[1]. pair. vert. orientateCCW(gate. endCCW(). pair), e = gate. pair. addDiag(p
[1]. next);// 对 pivot1 周围的环循环
    while (! e. rayPassEdge(er = er. next))
        ;
    e. remove();
    return er. vert. isOnP() && er. pair. vert. isOnP() && er. onLeft(p[1]. pair. vert);
}


private boolean ringTrapCW(HE_edge p[]) {
    HE_edge en = gate. endCCW(), er = en, e0 = p[0]. prev;
    HE_vert v = p[0]. pair. vert;
    while (! en. turnLeft() && en. onLeft(pivot[0]) && en. vert. onLeft(pivot[0], v))
        en = en. prev;
    if (er ! = en && (en. vert. isOnQ() || ! en. onLeft(pivot[0]) || ! en. vert. onLeft(pivot[0],
v)))
```

```
        en = en. next；
    if (p[0]. vert == en. vert)
        return false；
    er = en. vert. orientateCW(e0. CW())； // gate. CW()==e0 折叠剖分中的定向搜索,对 pivot0
周围的环循环
        HE_edge e = e0. addDiag(en)；
        Region r；
        if ((r = en. vert. region) ！ = null && r. locked) {
            if (p[0]. edgePassEdge(e. pair))
                e. remove()；
            else
                p[1] = e. pair；
            return false；
        }
        while (！ e. rayPassEdge(er = er. next))
            ；
        e. remove()；
        if (er. vert. isOnP() && er. pair. vert. isOnP() && er. onLeft(en. vert))
            return true；
        if (en. vert. onLeft(pivot[0], v) && e0. inFan(en))
            p[1] = en. addDiagCheck(e0)；
        return false；
    }


    private boolean prevIsGate(HE_edge p[], HE_edge pnn) {
        HE_edge pp = p[1]. prev, p1 = p[1]；
        p[1] = Partition. mendChain(p[1], pnn)；
        Region r；
        return pivot[0] ！ = null && pp instanceof Gate && pp ！ = gate. pair && (r = pp. vert. region).
gate. pair == pp
            && (！ p[0]. isDiag() && p[0]. edgePassEdge(pp)
                || p1 == p[1] && ！ p[0]. turnLeft() && p[0]. inFan(pp) && r. ringTrapCCW(p))；
    }


    private boolean p1IsGate(HE_edge p[]) {
        Region r；
        return pivot[0] ！ = null && p[1] instanceof Gate && p[1] ！ = gate. pair && p[1]. next == p
[0]. prev && (r = p[1]. vert. region). gate. pair == p[1] && ！ p[0]. inFan(p[1]) && r. ringTrapCW(p)；
    }
```

```
static int I = 0；

private HE_edge[] CWsweeping(HE_edge p[]) {
  HE_edge Ep = p[0], pn, q, gpp, gppp；
  if (p[1] == null)
    p[1] = Ep.prev；
  while (true) {
    if (p[1].next ! = Ep && Ep.rayPassEdge(p[1])) {
      if (p1IsGate(p))
        return new HE_edge[] { p[1], null }；
      if (! Ep.onLeft(p[1].vert) && onRight(p))
        break；
    }
    if (pivot[0] == null || Ep ! = gate.pair || p[1].prev.vert ! = pivot[1]) {
      if (p[1].vert == Ep.vert)
        break；
      pn = p[1]；
    if (prevIsGate(p, p[0]))
      return new HE_edge[] { p[1].prev, null }；
    if (toP1 == pn && p[1] ! = pn)
      toP1 = null；
    if (p[1].vert == pivot[1] || ! prevNotGate(p[1]))
      break；
  }
  if (Ep.rayPassEdge(p[1] = p[1].prev) && Ep.turnLeft()) {
    if (p1IsGate(p))
      return new HE_edge[] { p[1], null }；
    if (! Ep.onLeft(p[1].vert) && onRight(p)) {     // 重新计算 Ep.rayPassEdge(p[1])
      if (p[1].vert.isOnQ()) {
        Region r = p[1].next.vert.region；
        if (r ! = null && ! r.locked && ! p[1].next.turnLeft() && Ep.edgePassEdge(p[1])) {
          r.regionFusion()；
          p[1] = p[0].prev；
          continue；
        }
      }
      break；
    }
    if (p[1].next == Ep)
      continue；
```

```
        }
        if (toP1 != null && toP1 != p[1] && ! p[1].turnLeft() && ! p[1].next.turnLeft()) {
          p[1] = toP1;
          break;
        }
        if (prevNotGate(p[1])) {
          while (! Ep.prev.turnLeft() && p[1].next.turnLeft()) {
            HE_edge pnn = (pn = p[1].next).next, pp;
            while (prevNotGate(p[1]) && p[1].vert != pivot[1] && ! pnn.inFan(p[1])
                && (pp = p[1].prev).inFan(pn))
              if (isPivot(pp.vert) || pn.inFan(pp))
                p[1] = pp.addRing(pn);
              else {
                while (! (isPivot(pp.prev.vert) || pn.inFan(pp.prev)))
                  pp = Partition.mendChain(pp.prev, p[1]);
                if (pp.prev.inFan(p[1]))
                  p[1] = Partition.mendChain(pp.prev, p[1]).addRing(pn);
                else {
                  p[1] = delete(p[1]);
                  pnn = (pn = p[1].next).next;
                  break;
                }
              }
            if (! pnn.inFan(p[1]))
              break;
            if (prevIsGate(p, pnn))
              return new HE_edge[] { p[1].prev, null };
          }
          if (p[1].vert == pivot[1]) {
            if (p[1].pair.vert.isOnQ() && ! p[1].next.turnLeft())
              p[1].next.remove();
          } else if (p[1].prev.vert != pivot[0] && p[1].prev.vert != pivot[1] && p[1].next != Ep
              && p[1].next.turnLeft() && p[1].next == Ep.prev && ! p[1].prev.turnLeft() && ! Ep.
inFan(p[1])) {
            while (p[1].vert != pivot[1] && ! Ep.inFan(p[1] = p[1].prev) && p[1].inFan(Ep.prev)
                && prevNotGate(p[1]))
              p[1] = p[1].addRing(Ep.prev);
            if (p[1].vert == Ep.vert)
              throw new RuntimeException("test");
            if (p[1].next != Ep.prev)
              if (Ep.prev.edgePassEdge(p[1])) {
```

```
        p[1] = delete(Ep. prev);
        continue;
    } else {
        HE_edge pp = Ep. prev. prev;
        Region r;
        if (pivot[0] ! = null && pp instanceof Gate && pp ! = gate. pair
            && (r = pp. vert. region). gate. pair == pp && r. ringTrapCW(p))
        return new HE_edge[] { pp, null };
        p[1] = Partition. mendChain(p[1], Ep. prev);
    }
    }
}
while (p[1]. vert ! = pivot[1] && p[1]. next ! = Ep && prevNotGate(p[1]) && p[1]. turnLeft() &&
p[1]. next. turnLeft() && (! (pn = p[1]. next. next). inFan(p[1]) || pn ! = Ep && (! Ep. inFan(p[1])
|| (q = new Chain(p[1], Ep). quasiTangentFromHead()) ! = pn && q ! = Ep && ! q. inFan(p[1]))))
{
    if (p[1]. prev. vert == pivot[1] && pn. vert == pivot[1]) {
        p[1] = p[1]. prev;
        return new HE_edge[] { p[1], p[1] };
    }
    if (Ep. vert == pivot[0] && Ep. vert == p[1]. prev. vert)
        p[1]. prev. remove();
    else {
        if (p[1]. prev. inFan(p[1]. next) || p[1]. next. vert. isPivot() && p[1]. vert. isOnQ()) {
            if (p[1]. prev. vert == pivot[1] || p[1]. vert. isOnQ() && p[1]. prev. vert. isPivot() || p[1].
next. inFan(p[1]. prev))
                p[1] = p[1]. prev. addRing(p[1]. next);
            else if (p[1]. onLeft(p[1]. prev. prev. vert))
                p[1]. prev. prev. addRing(p[1]);
            else {
                p[1] = delete(p[1]);
                break;
            }
        } else {
            if (p[1]. next. edgePassEdge(q = p[1]. prev)) {
                if (p1p == q)
                    return new HE_edge[] { p[1]. next, p[1]. next. next };
                p[1] = delete(p[1]. next);
                if (q. pair ! = null && q. vert == pivot[1] && q. pair. vert. isOnQ()
                    && q. next. next. edgePassEdge(q)) {
```

```
            p1p = q;
            return new HE_edge[] { p[1], p[1]. next };
          }
          break;
        }
        while ((pn = p[1]. next. next). inFan(p[1]))
          p[1] = p[1]. addRing(pn);
      }
    }
  }
}
if (p[1]. vert ! = pivot[1]) {
  if (cross ! = null && pivot[0] ! = null && (gpp = gate. endCCW()) ! = Ep && gpp. prev ! =
Ep && gpp. next ! = Ep
      && (p[1]. next == Ep || ! Ep. edgePassEdge(p[1])) && (Ep. vert == gpp. vert
      || (gppp = gpp. pair). rayPassEdge(Ep)
        && (! Ep. next. turnLeft() || ! gppp. rayPassEdge(Ep. next. pair))))
    if (Ep. onLeft(gpp. vert)) {
      HE_edge el, em, lm, lp;
      if ((el = p[1]). vert. isOnQ() && el. pair. vert. isOnP()
          || p[1]. vert == pivot[0] && (el = p[1]. next). vert. isOnQ()) {
        em = Partition. mendChain((lm = el. CW()). next, lp = el. pair);
        while (em. vert ! = pivot[1] && em. vert. isOnP())// 两两合并
          em = Partition. mergeChains(Partition. mendChain((lm = lm. remove()). next, em),
em, lp);
        if (em. vert == pivot[1]) {
          el. remove();
          p[1] = null;
          return CWsweeping(p);
        }
      }
    } else {
      if (gpp. isDiag())
        gpp. remove();
      else {
        while (p[0]. isDiag() && (p[0] = p[0]. remove()). edgePassEdge(gpp))
          ;
        if (p[0]. edgePassEdge(gpp))
          throw new RuntimeException(new String[] { "多边形自相交!",
              "The polygon is self-intersected!" }[PartitionAp. language]);
        return CWsweeping(p);
```

```
        }
      }
    } else {
    HE_vert v = (pn = Ep.next).vert;
    if (cross ! = null && (Ep == p[1].next || ! Ep.edgePassEdge(p[1]))) {
      gppp = (gpp = gate.endCCW()).pair;
      if (Ep.vert ! = pivot[0] && (p[1].next == Ep || ! p[1].next.turnLeft() && ! Ep.prev.
turnLeft())
          && (withinRegion1(p[1].pair.vert)
            || v ! = gpp.vert && (p[1] == P1 ? isDiag
              : (Ep.vert == gpp.vert || withinRegion1(Ep.vert))
                && (isDiag = gppIsDiag((P1 = p[1]).pair.vert))))) {
        if (v == gpp.vert) {
          p[0] = pn;
          return null;
        }
        Region r;
        if (! (pn instanceof Gate) && pn.pair.vert.isOnP() && pn.pair.vert ! = gpp.vert
            && (pn.turnLeft() || p[1].prev.inFan(Ep)) && gppp.rayPassEdge(pn))
          if (passNotBack(gpp, pn)) {        // pn 可能被改变
            pn = Ep.next;
            if ((r = Ep.vert.region) == null || r.linked ! = this || ! pn.inFan(r.gate.CW()))
              p[0] = (r = pn.vert.region) ! = null && r.linked == this ? pn : p[1];
            return null;
          }
        if (Ep.vert == gpp.vert && ! (withinRegion1(v)        //
            || Ep.isDiag() && (gate.left ? pivot[1].forth : pivot[1].back).rayPassEdge(Ep.pair)
            || (! (pn instanceof Gate) || gate.onLeft(pn.vert) || pn.edgePassEdge(p[1]))
                && gppp.rayPassEdge(Ep)) {
          pn = Ep.prev;
          if (passNotBack(gpp, Ep)) {        // Ep 可能被改变
            if (Ep.vert == gpp.vert)
              throw new RuntimeException("test");
            Ep = pn.next;
            p[0] = (r = Ep.vert.region) ! = null && r.linked == this ? Ep : p[1];
            return null;
          }
          p[0] = Ep = pn.next;
          v = Ep.pair.vert;
        }
      }
```

```
        }
    if (Ep. vert == pivot[1])
        return new HE_edge[] { p[1], p[1] };
    if (v == pivot[1] || pivot[1]. along(Ep. vert, v))// Ep 的端点是 pivot[1]或 pivot[1]与 Ep 共线,
Ep. vert! =pivot[1]
        p[1] = Partition. middle(p[1], Ep). prev;
    if (p[1]. pair. vert. isOnP() && (Ep. prev == p[1] || ! Ep. rayPassEdge(p[1]))) {
        for (HE_edge pp; (pp = p[1]. prev) ! = gate && pp ! = gate. pair && (cross == null || pp. in-
Fan(gate. pair))&& ! Ep. rayPassEdge(pp) && pp. prev. onLeft(Ep. vert);)
            p[1] = Partition. mendChain(pp, Ep);
            if (v ! = pivot[1] && (p[1] == Ep || Ep. rayPassEdge(p[1]. prev)))// 包括 Ep 与 hd. prev
的任意一个端点共线的情况
                p[1] = p[1]. prev;
            }
        }
        boolean colinear = (pn = p[1]. next) ! = Ep && Ep. rayPassEdge(p[1]) && p[1]. vert. area
(Ep. vert, Ep. pair. vert) == 0;
        return new HE_edge[] { p[1], colinear ? p[1] : pn };
    }

    private boolean gppIsDiag(HE_vert p1) {
        for (HE_edge e = gate; ! (e = e. endCCW()). vert. inFan(false, pivot[1], p1, pivot[0]);)
            if (! e. isDiag())
                return false;
        return true;
    }

    private boolean isPivot(HE_vert v) {
        return v. isPivot() && gate. pair ! = null && v. region. gate. left == gate. left;
    }

    private boolean onRight(HE_edge[] p) {        // 凹链保持在 Ep 右侧
        if (p[1]. vert ! = pivot[1]) {
        HE_vert v0 = p[0]. pair. vert, v;
        for (HE_edge e = p[1], n; ! p[0]. inFan(e) && (e = e. prev) ! = gate && (v = e. vert) ! =
p[0]. vert && (! e. onLeft(v0) || isPivot(v) && e. pair. vert. isOnQ() && p[0]. onLeft(v))
            && (p. length == 2 || e ! = p[2]);) {
            if ((v0. onLeft(v, (n = p[1]. next). vert) || v == v0 || p[0]. onLeft(v)) && e. inFan
(n)) {
                while (! (isPivot(v) || n. inFan(e)))
```

```
            v = (e = Partition. mendChain(e. prev, p[1])). vert;
        p[1] = e = e. addRing(n);
      }
    if (isPivot(v) && p[0]. inFan(e) && (e. inFan(p[0]) ? p[0]. prev. turnLeft() || ! e. next.
next. turnLeft(): p[0]. onLeft(v) && ! p[0]. prev. turnLeft() && ! e. next. next. turnLeft()))
        p[1] = e = Partition. mendChain(e, p[0]);
      if (v == pivot[1]) {
        if (v == p[1]. vert)
          while ((e = p[1]. next) ! = p[0] && e. turnLeft() && p[1]. inFan(e = e. next))
            p[1] = p[1]. addRing(e);
        return true;
      }
      if (p[0]. onLeft(v) && (e. next == p[0] || ! isPivot(v) || ! e. next. turnLeft()))
        return false;
    }
  }
  return true;
  }
}
```

2.5   Chain. java

```
    package edge;


    /* *
     *  @author Qian Jingping
     */


    import point. HE_vert;
    import site. Partition;
    import site. Region;


    public class Chain {
      public HE_edge head, tail, ex = null;


      public Chain(HE_edge r, HE_edge l) {
        head = r;
        tail = l;
        HE_edge rn, lp;
        if ((rn = r. next) == l || (lp = l. prev) == rn)
          return;// 单边或二边
```

```
        HE_edge rnn = rn.next, lpp = lp.prev;
        if (rn.turnLeft()) {
          if (rnn.turnLeft()) {
            if (lp.turnLeft() && lpp.turnLeft())
              return;// 2
            throw new RuntimeException("Err type 2");
          }
          if (lp.turnLeft())
            throw new RuntimeException("Err type 4");
          return;// 4
        }
        if (lp.turnLeft()) {
          if (lpp.turnLeft())
            throw new RuntimeException("Err type 5");
          return;// 5
        }
        if (rnn.turnLeft() || lpp.turnLeft())
          throw new RuntimeException("Err type 3");
        return;// 3
    }


    public int type() {       // ∠rN<π && ∠lP<π:2, ∠rN≥π && ∠lP≥π:3, ∠rN<π && ∠lP≥π:4, ∠rN
≥π && ∠lP<π:5
        HE_edge lp = tail.prev;
        return head == lp ? 1 : // 1:单边链段 1Bar
          head.next.turnLeft() ? // 右内部凸角
            lp.turnLeft() ? 2 : 4// 2.纯凸链段 2Arc,4.尾凹链段 4-Bow
            : lp.turnLeft() ? 5 : 3;// 5.首凹链段 5Bow-,3.纯凹链段 3Bow
    }


    private boolean isTight() {
        HE_vert p[] = { head.vert, head.pair.vert, tail.prev.vert, tail.vert };
        boolean b;
        int t = type();
        if (! Partition.online || p[0].isLoose() || p[3].isLoose() || p[0] == p[2] || p[1] == p[2]
// 单边或二边
          || (b = p[0].isForth(p[1])) != p[1].isForth(p[2]) || b != p[2].isForth(p[3])
          || b != head.left || b != tail.left
          || (b ? Partition.roundTurnL() && ! Partition.guard[0][0].vert.isForth(p[0])
            && ! p[t == 5 ? 2 : 3].isForth(Partition.guard[0][1].pair.vert)
```

```
            : Partition. roundTurnR() && ! Partition. guard[1][0]. pair. vert. isForth(p[3])
            && ! p[t == 4 ? 1 : 0]. isForth(Partition. guard[1][1]. pair. vert)))
        return false;
    if (t == 3)
        if (b) {
            p[3] = tail. next. vert;
        } else
            p[0] = head. prev. vert;
    if (b) {
        if ((t == 5 || t == 3) && Partition. roundTurnL() && ! Partition. guard[0][0]. vert. is-
Forth(p[0]) && ! p[3]. isForth(Partition. guard[0][1]. pair. vert))
            ex = tail;
    } else if ((t == 4 || t == 3) && Partition. roundTurnR() && ! Partition. guard[1][0]. pair.
vert. isForth(p[3]) && ! p[0]. isForth(Partition. guard[1][1]. pair. vert))
        ex = head;
    Region r, r32[][] = { head. enclose, tail. enclose, Partition. lastRegion };
    if ((r = r32[2][b ? 0 : 1]) ! = null && p[b ? 0 : 3]. isForth(r. pivot[b ? 0 : 1]))
        return false;
    for (Region r2[] : r32)
        if ((r = r2[b ? 0 : 1]) ! = null && r. pivot ! = null)
            if (r. gate. edgePassEdge(p[0], p[3]) || r. gate. edgePassEdge(p[3], p[0]))
                return false;
    return true;
}


public HE_edge quasiTangentFromHead() {
    HE_edge e = head;
    for (HE_vert eye = head. vert; (e = e. next) ! = tail && e. onLeft(eye);)
        ;
    return e;
}


public HE_edge quasiTangentFromTail() {
    HE_edge e = tail. prev, hp = head. prev;
    for (HE_vert eye = tail. vert; (e = e. prev) ! = hp && e. onLeft(eye);)
        ;
    return e. next;
}
```

```java
public HE_edge[] locate(HE_edge Ep) {
    int count = isTight() ? Partition.THRESHOLD : Integer.MAX_VALUE;
    HE_edge r[], rp = Ep.pair, ud[] = { head, tail };
    switch (type()) {      // type=1,2,3,4,5
    case 2:      // 凸链段
    case 3:      // 纯凹链段
        return bidirectional(count, Ep, head, tail, ex);
    case 4:      // 4.凸凹链段(尾凹链段)
        if (rp.isCohub(ud[1] = head.next) && ud[1].turnLeft(rp))// 闭合至左脚点
            return new HE_edge[] { ud[1], ud[1] };
        if (Ep.turnLeft(tail.prev))
            if (count == Integer.MAX_VALUE || ! Ep.edgePassEdge(ud[0]))// 松弛环在 pivot 点
// 处穿过 ud[0]仍然穿越凹链
                if ((r = bidirectional(count, Ep, ud[1], tail, ex)) ! = null)
                    return r;
        break;
    case 5:// 5.凹凸链段(首凹链段)
        if (rp.isCohub(ud[0] = tail.prev) && rp.turnLeft(ud[0].prev.pair))// 闭合至右脚点
            return new HE_edge[] { ud[0], ud[0] };
        if (Ep.turnLeft(head))
            if (count == Integer.MAX_VALUE || ! Ep.edgePassEdge(ud[0]))// 紧密环 count==
// THRESHOLD 若穿越 ud[0]则不可能再穿越凹链
                if ((r = bidirectional(count, Ep, head, ud[0], ex)) ! = null)
                    return r;
        break;
    }
    return ud;
}


static private HE_edge[] bidirectional(int count, HE_edge Ep, HE_edge head, HE_edge tail,
HE_edge ex) {
    HE_edge e, rp = Ep.pair, en;
    for (HE_edge ud[] = { head, tail.prev }; count-->0; ud[0] = ud[0].next, ud[1] =
ud[1].prev) {
        if (Ep.rayPassEdge(e = ud[0]) || Ep.rayPassEdge(e = ud[1])) // Ep 与右或左翼边交叉
            return Ep.onLeft((en = e.next).vert) //
                ? new HE_edge[] { e, rp.onLeft(e.vert) ? en : e }
                : new HE_edge[] { en, en };
        if (ud[0] == ud[1] || ud[0].next == ud[1])
            return null;
    }
```

```
        return new HE_edge[] { null, ex };// 循环次数超过阈值 THRESHOLD
    }
}
```

2.6 Gate.java

```java
package edge;

/**
 * @author Qian Jingping
 */

import point.HE_vert;

public class Gate extends HE_edge {
    public Gate(HE_vert v) {
        super(v);
    }
}
```

2.7 HE_edge.java

```java
package edge;

/**
 * @author Qian Jingping
 */

import calc.Static;
import main.PartitionAp;
import point.HE_vert;
import point.Point;
import site.Partition;
import site.Region;

public class HE_edge {

    public boolean flag, left;
    public HE_vert vert;
    public HE_edge pair, next, prev;
    public Region enclose[] = { null, null };
```

```
public HE_edge(HE_vert v) {
    vert = v;
}

public boolean isForth() {        // impasse
    return vert.isForth(pair.vert);
}

public void setSide(boolean b) {
    left = b;
}

public int direction() {
    return vector().direction();
}

public HE_edge inserTo(HE_edge Next) {        // thisIsNew,NextIsOld
    Next.prev.link(pair);
    return link(Next);
}

public HE_edge twins(HE_edge p) {
    return (pair = p).pair = this;
}

public HE_edge link(HE_edge n) {
    return (next = n).prev = this;
}

private void arcTangent(Point[] abc, Point[] abd) {
    Point a = abc[1].sub(abc[0]), b = abc[2].sub(abc[0]), d = abd[2].sub(abd[0]);
    double arcTangentB = Math.atan2(a.area(b), a.dot(b));
    double arcTangentD = Math.atan2(a.area(d), a.dot(d));
    if (arcTangentB<0)
    arcTangentB += Math.PI * 2;
    if (arcTangentD<0)
        arcTangentD += Math.PI * 2;
    if (arcTangentD <= arcTangentB || arcTangentD<Static.minimum)
        throw new RuntimeException(new String[] { "精度误差出错!", "precision error!" }[PartitionAp.language]);
```

```
        }

    public HE_edge addDiagCheck(HE_edge down) {
        if (! (down. vert. isPivot() || down. vert. back == null || vert. isOnQ()) && ! inFan
(down)) {
            Point abc[] = down. vert. relativeTriangle(down. pair. vert, down. prev. vert);
            Point abd[] = down. vert. relativeTriangle(down. pair. vert, vert);
            arcTangent(abc, abd);
            throw new RuntimeException("addRing1:" + vert + "\n" + down. prev);
        }
        if (! (vert. isPivot() || vert. back == null) && ! down. inFan(this)) {
            Point abc[] = vert. relativeTriangle(pair. vert, prev. vert);
            Point abd[] = vert. relativeTriangle(pair. vert, down. vert);
            arcTangent(abc, abd);
            throw new RuntimeException("addRing2:" + down. vert + "\n" + prev);
        }
        if (prev. vert == down. vert)
            throw new RuntimeException("prev. vert==down. vert");
        return addDiag(down);
    }


    public void setEnclose(Region r) {
        enclose[r. gate. left ? 0 : 1] = r;
    }


    public void setEnclose(Region r[]) {
        if (r[0] != null)
            enclose[0] = r[0];
        if (r[1] != null)
            enclose[1] = r[1];
    }


    public HE_edge addDiag(HE_edge down) {
        HE_edge newDiag = vert. addEdge(down. vert);
        newDiag. pair. insertTo(this);
        newDiag = newDiag. insertTo(down);
        newDiag. left = left;
        newDiag. pair. left = down. left;
        newDiag. enclose = enclose;
        newDiag. pair. enclose = down. enclose;
        return newDiag;
```

```
    }

    public Gate addGate(HE_edge down) {
        Gate newGate = vert.addGate(down.vert);
        newGate.pair.inserTo(this);
        newGate.left = left;
        newGate.pair.left = down.left;
        newGate.enclose = enclose;
        newGate.pair.enclose = down.enclose;
        return (Gate) newGate.inserTo(down);
    }

    public HE_edge addRing(HE_edge down) {
        HE_edge ePair = down.addDiagCheck(this);
        if (ePair.CCW().mergeRingsOn2Ends())
            ePair.next.mergeRingsOn2Ends();
        return ePair.pair;
    }

    public void guardToUpdate() {
    if (Partition.online) {
        if (this == Partition.guard[0][1] || pair == Partition.guard[0][1])
            Partition.newGuardToL();
        if (this == Partition.guard[1][1] || pair == Partition.guard[1][1])
            Partition.newGuardToR();
        }
    }

    private boolean mergeRingsOn2Ends() {
        HE_edge e2p, en;
        HE_vert p2, p2p, pn;
        boolean f;
        if (isDiag() && (! Partition.online //
            || Partition.guard[0][0] ! = this && Partition.guard[0][0] ! = pair//
                && Partition.guard[1][0] ! = this && Partition.guard[1][0] ! = pair)
            && pair.monoSide(e2p = pair.next.next)//
            && stepLeft() && (p2p = e2p.vert).isOnP()//
            && pair.monoSide(en = prev) && (pn = en.vert).isOnP()//
            && e2p.isForth() == (f = next.isForth()) && en.prev.isForth() == f//
            && ! ((p2 = pair.vert).isPivot() || p2p.isPivot() || pn.isPivot()))
        if (pair.stepLeft()) {
```

```
        if ((pair.isConvex() && isConvex())) {        // 可合并为较大凸环
            f = vert.isOnQ() || vert.back ! = null && vert.forth ! = null && p2.back ! = null &&
p2.forth ! = null && left ! = pair.left;
            guardToUpdate();
            remove();
            if (f) {        // 对于位于狭缝一侧的凸环,连接成 tight 环
                e2p.addRing(en);
                return false;
            }
        }
    } else if ((p2.back ! = null && p2.forth ! = null)
            && (p2p.back ! = null && (p2p.forth ! = null || ! e2p.isDiag()))  // 避免从凹环底边进
入凹环
            && (pn.back ! = null && (pn.forth ! = null || ! en.prev.isDiag()))  // 避免从凹环底边
进入凹环
            && pair.next.isConcave() && isConcave()) {        // p.vert! =V1 可合并为较大凹环
        guardToUpdate();
        remove();
        return false;
    }
    return true;
}


public HE_edge apex() {
    return apex(prev);
}


public HE_edge apex(HE_edge Prev) {        // for_concave_ring_from_bottom
    for (HE_edge p = Prev, n = this; true; p = p.prev, n = n.next) {
        if (p.turnLeft() && p.prev.turnLeft() && p.prev.prev.turnLeft())
            return p.prev;
        if (n.turnLeft() && n.next.turnLeft() && n.next.next.turnLeft())
            return n.next;
        if (n == p || n.next == p)
            throw new RuntimeException("apex not found");
    }
}


public void treatConcavePair() {
    HE_edge e = pair.next, apex;
```

```
        if (! pair.turnLeft() || ! e.turnLeft()) {
          apex = e.apex();
          if (e.next ! = apex)
            e.addDiagCheck(apex);
          if (apex.next ! = pair)
            pair.addDiagCheck(apex);
        }
      }

      public boolean isConvex() {
        return next.next == prev // 三角形
          || next.turnLeft() && prev.turnLeft() && next.next.turnLeft();// this.isCCW()_is_guaran-
teed
      }

      private boolean isConcave() {
        return next.next == prev // 三角形
          || next.turnLeft() && prev.turnLeft() && ! next.next.turnLeft();
      }

      public boolean monoSide() {
        return left == pair.left;
      }

      public boolean monoSide(HE_edge e) {
        return e.vert.isOnP() && (e.vert.back == null || e.vert.forth == null || left == e.
left);// e.vert==V1||e.vert==Vn
      }

      public boolean gapEdge() {
        return vert.back == null || pair.vert.back == null || left ! = pair.left;
      }

      public double area() {
        return vert.area(pair.vert, prev.vert);
      }

      public double area(HE_edge e) {
        return e.vert == vert || e.vert == pair.vert ? 0 : e.vert.area(vert, pair.vert);
      }
```

```java
public boolean onLeft(HE_vert p) {
    return p.onLeft(vert, pair.vert);
}

public boolean rayPassEdge(HE_edge e) {        // rayOfThisEdgeIntersectEdge(e)
    if (vert == e.vert)
        throw new RuntimeException("rayPassEdge test");
    if (vert == e.pair.vert)
        throw new RuntimeException("rayPassEdge test");
    double a = e.pair.vert.area(vert, pair.vert);
    return ! e.pair.onLeft(vert) && (a>0 ? ! onLeft(e.vert) : a == 0 && pair.onLeft(e.
vert));// 必须考虑 e 的左端共线的情况,否则对于位于 Ep 右侧及前方的凹链,若恰好有一个顶点或一条
边与 Ep 重合,则搜索不到 Ep 的前方边
}

public boolean edgePassEdge(HE_edge e) {        // rayOfThisEdgeIntersectRayOfEdge(e)
    return rayPassEdge(e) && ! e.onLeft(pair.vert);
}

public boolean rayPassEdge(HE_vert p1, HE_vert p2) {        // rayOfThisEdgeIntersectEdge(e)
    return p1 != vert && p1 != pair.vert && ! vert.onLeft(p2, p1)
        && (p2.onLeft(vert, pair.vert) ? ! p1.onLeft(vert, pair.vert) // 必须考虑 e 的左端共线的
情况,否则对于位于 Ep 右侧及前方的凹链,若恰好有一个顶点或一条边与 Ep 重合,则搜索不到 Ep 的前
方边
        : p1.onLeft(pair.vert, vert) && ! p2.onLeft(pair.vert, vert));
}

public boolean edgePassEdge(HE_vert p1, HE_vert p2) {        // rayOfThisEdgeIntersectRay-
OfEdge(e)
    return rayPassEdge(p1, p2) && ! pair.vert.onLeft(p1, p2);
}

public boolean turnLeft() {
    return vert.onLeft(pair.vert, prev.vert);
}

public boolean turnLeft(HE_edge e) {
    return vector().onLeft(e.vector());
}

public boolean stepLeft() {
```

```
    return vert. isOnQ() || vert. onLeft(CW(). pair. vert, prev. vert);
}


public boolean inFan(HE_edge e) {        // hubOfThisEdgeIsInfan(e)
    return vert. inFan(false, e. vert, e. pair. vert, e. prev. vert);
}


public boolean isCohub(HE_edge e) {
    return vert == e. vert;
}


public boolean isDiag() {
    return this ! = vert. forth && this ! = vert. back;
}


public Point vector() {
    if (vert. isOnQ())
        return vert. mult(-1);
    HE_vert v = pair. vert;
    return v. isOnQ() ? v : v. sub(vert);
}


public HE_edge CCW() {        // 绕起点逆时针旋转
    return prev. pair;
}


public HE_edge CW() {        // 绕起点顺时针旋转
    return pair. next;
}


public int lOrth(HE_edge to) {
    int i = vert. ID, j = to. vert. ID;
    if (i>j)
        i -= 4;
    j -= i;
    return j == 0 && this ! = to && ! to. pair. vert. onLeft(to. vert, pair. vert) ? 4 : j;
}


public int rOrth(HE_edge to) {
    int i = vert. ID, j = to. vert. ID;
    if (i<j)
```

```
      i += 4;
    i -= j;
    return i == 0 && this ! = to && ! to. vert. onLeft(to. pair. vert, pair. vert) ? 4 : i;
}


public HE_edge endCCW() {      // 绕终点逆时针旋转
   return pair. prev;
}


public HE_edge endCW() {      // 绕终点顺时针旋转
   return next. pair;
}


public HE_edge remove() {
    if (! isDiag())
    throw new RuntimeException("Can't delete this!");
  pair. prev. link(next);
  prev. link(pair. next);
  pair = pair. pair = null;
  return prev. next;
}


public HE_edge convexCorner() {
   for (HE_edge p = prev, n = this; p ! = this && n ! = prev; p = p. prev, n = n. next) {
    if (p. turnLeft())
      return p;
    if (n. turnLeft())
      return n;
   }
   throw new RuntimeException("validRing not found");
}


public void triangulate(boolean newFlag) {
   if (next. next. next ! = this) {
    HE_edge p, n;
    if (prev. turnLeft()) {
     if (next. turnLeft()) {      // Convex_or_Left_shoulder
       p = prev;
       n = next;
     } else {      // Left_foot
       p = prev. prev;
```

```
                n = this;
            }
        } else {        // Right_shoulder
            p = this;
            n = next. next;
        }
        if (p. pair. vert. isOnP())// 排除凸包
            while ((n = n. next) ! = p)
                if (n. vert. isOnP()) {
                    HE_edge f = p. next. addDiagCheck(n);// Right_shoulder
                    f. flag = newFlag;
                    f. pair. flag = newFlag;
                }
    }
}


public void setRingFlag(boolean f) {
    HE_edge e = this;
    do {
        e. flag = f;
    } while ((e = e. next) ! = this);
}


public String toString() {
    String s = vert. x() + "," + vert. y() + " ";
    int i = 0;
    for (HE_edge e = this; i++<10 && (e = e. next) ! = this;)
        s = s + e. vert. x() + "," + e. vert. y() + "\n";
    return i <= 10 ? s : s + "......";
}
}
```

2.8 HE_vert. java

```
package point;


/* *
 * @author Qian Jingping
 */


import calc. Static;
```

```java
import edge.HE_edge；
import main.PartitionAp；
import site.Region；
import edge.Gate；

public class HE_vert extends Point {
    public int ID；
    public HE_edge forth, back；
    public Region region；
    static final public HE_vert vtBase = new HE_vert(0, 0.0, 0.0)；

    public HE_vert(int i) {        // i<0
        super(Point.ptBase[((-i - 1) & 3) + 1])；// &3 等价于%4。index=1,2,3,4
        ID = i；
    }

    public HE_vert(int n, double x, double y) {
        super(x, y)；
        ID = n；
    }

    public void reverse(int n) {
        HE_edge l = back；
        back = forth；
        forth = l；
        ID = n；
    }

    public boolean isForth(HE_vert o) {
        return ID<o.ID；// ID>0&&ID<o.ID
    }

    public boolean isPivot() {
        return region ! = null；
    }

    public void setPivot(Region r) {
        region = r；
    }
}
```

```
public boolean isOnQ() {
  return ID<0;
}

public boolean isOnP() {
  return ID>0;
}

public boolean isOnQ(HE_vert v0OfQuad) {
  int i = v0OfQuad. ID;
  return ID <= i && ID + 3>= i;
}

public boolean isLoose() {
  return isOnQ() || back == null || isPivot();
}

public HE_edge addBorder(HE_vert s) {
  return border(addEdge(s));
}

public HE_edge border(HE_edge e) {
  HE_edge p = e. pair;
  e. setSide(true);
  p. setSide(false);
  p. vert. back = p;
  return forth = e;
}

public HE_edge addEdge(HE_vert s) {      // this 为已知,s 为新元素
  return new HE_edge(this). twins(new HE_edge(s));
}

public Gate addGate(HE_vert s) {      // this 为已知,s 为新元素
  return (Gate) new Gate(this). twins(new Gate(s));
}

public Point[] relativeTriangle(HE_vert v, HE_vert w) {
  int i[] = Static. btoi(isOnQ(), v. isOnQ(), w. isOnQ()), j, k;
  Point q[] = { this, v, w }, p;
  if (i[0] == 0 || i[1] == 3)
```

```
            return q;// 没有无限点或 3 点全是无限点
        if (i[1] == 2)// 有 2 个无限点 i[0]=3,5,6;k=2,1,0
            k = (i[0] ^ 7)>>1;// 找到非无限点下标
        else {      // 有 1 个无限点 i[0]=1,2,4;j=0,1,2
            j = ((i[0]>>1) + 1) % 3;// j是无限点后一顶点下标
            p = q[j].sub(q[k = (j + 1) % 3]);// k 是无限点后二顶点下标
            q[j] = p.mult(1 / (Math.abs(p.x()) + Math.abs(p.y())));// 伪单位化矢量
        }
        q[k] = Point.ptBase[0];// 非无限点为相对原点
        return q;
    }


// /////////
    public boolean onLeft(HE_vert v, HE_vert w) {
        Point q[] = relativeTriangle(v, w);
        return ((Point) q[0]).onLeft(q[1], q[2]);
    }


    public double area(HE_vert v, HE_vert w) {
        Point q[] = relativeTriangle(v, w);
        return ((Point) q[0]).area(q[1], q[2]);
    }


    public boolean opposite(HE_vert a, HE_vert b) {      // a-this_and_b-this_is_in_opposite_di-
rection
        Point q[] = relativeTriangle(a, b);
        return ((Point) q[0]).opposite(q[1], q[2]);
    }


    public boolean inFan(boolean along, HE_vert centre, HE_vert r, HE_vert l) {      // is_p_be-
tween_2_points_in_a_angle_from_centre
        Point q0[] = relativeTriangle(centre, r);
        double a1 = ((Point) q0[0]).area(q0[1], q0[2]);
        if (a1 == 0 && ((Point) q0[0]).dot(q0[1], q0[2])>0)// this_is_along_centre,r
            return along;
        Point qa[] = r.relativeTriangle(centre, l);
        double a2 = ((Point) qa[0]).area(qa[1], qa[2]);
        if (r == l || a2 == 0 && ((Point) qa[0]).dot(qa[1], qa[2])>0)// r_is_along_centre,l
            return true;
        boolean b1 = a1>0, b2 = onLeft(l, centre);
        return (b1 && b2) || (b1 || b2) && a2>0;
```

```
    }

    public boolean inFanOrAlong(HE_edge e) {
      return inFan(true, e.vert, e.pair.vert, e.prev.vert);
    }

    public boolean along(HE_vert a, HE_vert b) {
      Point q0[] = relativeTriangle(a, b);
      return ((Point) q0[0]).along(q0[1], q0[2]);
    }

    public HE_edge orientateCW(HE_edge El) {      // orientation
      HE_edge e = El;
      do {
        if (inFanOrAlong(e))
          return e;
      } while ((e = e.CW()) != El);
      throw new RuntimeException(new String[] { "精度误差出错!", "precision error!" }[Partition-
Ap.language]);
    }

    public HE_edge orientateCCW(HE_edge Er) {      // orientation
      HE_edge e = Er;
      do {
        if (inFanOrAlong(e))
          return e;
      } while ((e = e.CCW()) != Er);
      throw new RuntimeException(new String[] { "精度误差出错!", "precision error!" }[Partition-
Ap.language]);
    }

    public boolean between(HE_vert a, HE_vert b) {      // between_two_points_in_a_line
      Point q[] = relativeTriangle(a, b);
      return ((Point) q[0]).between(q[1], q[2]);
    }

    public HE_vert nextV() {
      return forth.pair.vert;
    }

    public HE_vert prevV() {
```

```java
      return back. pair. vert;
    }

    public void setSide() {
      for (HE_edge e = forth; (e = e.CCW()) ! = back;)
        e. setSide(true);
      for (HE_edge e = back; (e = e.CCW()) ! = forth;)
        e. setSide(false);
    }

    public void sideCheck() {
    for (HE_edge e = forth; e ! = back; e = e.CCW())
      if (! e.left)
        throw new RuntimeException("side error!");
    for (HE_edge e = back; e ! = forth; e = e.CCW())
      if (e.left)
        throw new RuntimeException("side error!");
    }

    public String toString() {
      String result = super. toString();
      if (ID<0)
        return result;
      HE_edge e = back ! = null || ID<0 ? back : forth, s = ID>0 ? e : forth;
      if (e ! = null) {
        result = result + "\n{";
        int i = 0;
        do {
          Point p = e. pair. vert;
          result = result + p. x() + "," + p. y() + "\n";
        } while (i++<10 && (e = e.CW()) ! = s);
        if (i<10 && ID<0)
          result = result + forth. pair. vert. x() + "," + forth. pair. vert. y() + "\n";
        result = result + (i <= 10 ? "}\n" : "......}\n");
      }
      return result;
    }
}
```

2.9 Point. java

```java
package point;
```

```
/* *
 * @Edited by Qian Jingping
 */

import calc.Static;

/*
 * Copyright (c) 2005 by L. Paul Chew.
 *
 * Permission is hereby granted, without written agreement and without license
 * or royalty fees, to use, copy, modify and distribute this software and its
 * documentation for any purpose, subject to the following conditions:
 *
 * The above copyright notice and this permission notice shall be included in
 * all copies or substantial portions of the Software.
 *
 * THE SOFTWARE IS PROVIDED "AS IS", WITHOUT WARRANTY OF ANY KIND, EX-
 * PRESS OR IMPLIED, INCLUDING BUT NOT LIMITED TO THE WARRANTIES OF MERCHANT-
 * ABILITY, FITNESS FOR A PARTICULAR PURPOSE AND NONINFRINGEMENT. IN NO EVENT
 * SHALL THE AUTHORS OR COPYRIGHT HOLDERS BE LIABLE FOR ANY CLAIM, DAMAGES
 * OR OTHER LIABILITY, WHETHER IN AN ACTION OF CONTRACT, TORT OR OTHERWISE,
 * ARISING FROM, OUT OF OR IN CONNECTION WITH THE SOFTWARE OR THE USE OR OTHER
 * DEALINGS IN THE SOFTWARE.
 */

public class Point {
    static final public Point ptBase[] = { new Point(0, 0), new Point(1, 0), new Point(0, 1), new
Point(-1, 0),
        new Point(0, -1) };
    final private double xy[]; // The point's xy

    /* *
     * Constructor.
     *
     * @param coords the xy
     */

    public Point(double... coords) {
        xy = coords.clone();
    }
```

```
public Point(Point p) {
  xy = p.xy.clone();
}

public double x() {
  return xy[0];
}

public double y() {
  return xy[1];
}

public void moveTo(Point p) {
  xy[0] = p.xy[0];
  xy[1] = p.xy[1];
}

public int direction() {      // vector_trend_to_axis_within_±45°右 0 上 1 左 2 下 3
  return xy[1]>= 0 ? xy[0]>= 0 ? xy[0]>= xy[1] ? 0 : 1     // 右 0 上 1
    : xy[0]<-xy[1] ? 2 : 1     // 左 2 上 1
    : xy[0]>= 0 ? xy[0]>-xy[1] ? 0 : 3     // 右 0 下 3
    : xy[0] <= xy[1] ? 2 : 3;     // 左 2 下 3
}

/**
 * Create a String for this Point.
 *
 * @return a String representation of this Point.
 */
public String toString() {
  if (xy.length == 0)
    return "";
  String result = "" + xy[0];
  for (int i = 1; i<xy.length; i++)
    result = result + "," + xy[i];
  return result + "\n";
}

/**
 * Equality.
```

```
 *
 * @param other the other Object to compare to
 * @return true iff the Pnts have the same xy
 */
public boolean equals(Object other) {
  if (! (other instanceof Point))
    return false;
  Point p = (Point) other;
  if (xy.length ! = p.xy.length)
    return false;
  for (int i = 0; i<xy.length; i++)
    if (xy[i] ! = p.xy[i])
      return false;
  return true;
}


/* *
 * HashCode.
 *
 * @return the hashCode for this Point
 */
public int hashCode() {
  int hash = 0;
  for (int i = 0; i<xy.length; i++) {
    long bits = Double.doubleToLongBits(xy[i]);
    hash = (31 * hash) ^ (int) (bits ^ (bits>>32));
  }
  return hash;
}

public Point left90() {
  return new Point(-xy[1], xy[0]);
}

public Point left90(Point p) {       // this_as_origin
  return new Point(xy[1] - p.xy[1], p.xy[0] - xy[0]);
}

public Point right90() {
  return new Point(xy[1], -xy[0]);
}
```

```
public Point right90(Point p) {      // this_as_origin
    return new Point(p. xy[1] — xy[1], xy[0] — p. xy[0]);
}


public Point trim(double extent[][]) {
    double d[] = { xy[0], xy[1] };
    for (int i = 0; i<2; i++)
        if (d[i]<extent[2][i])
            d[i] = extent[2][i];
        else if (d[i]>extent[3][i])
            d[i] = extent[3][i];
        return new Point(d[0], d[1]);
}


/* *
 * @return this Point's dimension.
 */
public int dimension() {
    return xy. length;
}


/* *
 * Check that dimensions match.
 *
 * @param p the Point to check (against this Point)
 * @return the dimension of the Pnts
 * @throws IllegalArgumentException if dimension fail to match
 */
private int dimCheck(Point p) {
    int len = xy. length;
    if (len ! = p. xy. length)
        System. out. print("\nPnt dimCheck: Dimension mismatch");
    return len;
}


/* *
 * Dot product.
 *
 * @param p the other Point
 * @return dot product of this Point and p
```

```java
     */
    public double dot(Point p) {
      int len = dimCheck(p);
      double sum = 0;
      for (int i = 0; i<len; i++)
        sum += xy[i] * p.xy[i];
      return sum;
    }


    public double dot(Point p1, Point p2) {        // p1_to_this_and_p1_to_p2
      return sub(p1).dot(p2.sub(p1));
    }


    public double mag2(Point p) {
      return sub(p).mag2();
    }


    public double mag2() {
      return dot(this);
    }


    /**
     * Magnitude (as a vector).
     *
     * @return the Euclidean length of this vector
     */
    public double mag1() {
      return Math.sqrt(dot(this));
    }


    public Point uni() {
      double d2 = dot(this);
      return d2 == 0 ? this : mult(1 / Math.sqrt(d2));
    }


    /**
     * Subtract.
     *
     * @param p the other Point
     * @return a new Point = this − p
     */
```

```
public Point sub(Point p) {
    int len = dimCheck(p);
    double[] coords = new double[len];
    for (int i = 0; i<len; i++)
        coords[i] = xy[i] - p.xy[i];
    return new Point(coords);
}

/**
 * Add.
 *
 * @param p the other Point
 * @return a new Point = this + p
 */
public Point add(Point p) {
    int len = dimCheck(p);
    double[] coords = new double[len];
    for (int i = 0; i<len; i++)
        coords[i] = xy[i] + p.xy[i];
    return new Point(coords);
}

public Point mid(Point p) {
    int len = dimCheck(p);
    double[] coords = new double[len];
    for (int i = 0; i<len; i++)
        coords[i] = (xy[i] + p.xy[i]) / 2;
    return new Point(coords);
}

public Point mult(double a) {
    int i = xy.length;
    double[] coords = new double[i];
    while (i-->0)
        coords[i] = xy[i] * a;
    return new Point(coords);
}

/* Pnts as matrices */
/**
 * Create a String for a matrix.
```

```
 *
 * @param matrix the matrix (an array of Pnts)
 * @return a String represenation of the matrix
 */
public static String toString(Point... matrix) {
  StringBuffer buf = new StringBuffer("{");
  for (int i = 0; i<matrix.length; i++)
    buf.append(" " + matrix[i]);
  buf.append(" }");
  return buf.toString();
}


public double area(Point p1, Point p2) {      // thisP,p1,p2
  double a;
  return (a = sub(p1).area(sub(p2))) ! = 0 ? a// ==p1.sub(this).area(p2.sub(this));
    : (a = p1.sub(p2).area(p1.sub(this))) ! = 0 ? a //
      : p2.sub(this).area(p2.sub(p1));
}


public double area(Point p) {      // this,p
  double x[] = { xy[0], p.xy[0], p.xy[0] − xy[0] };
  double y[] = { xy[1], p.xy[1], p.xy[1] − xy[1] };
  return Static.area(x, y);
}


public boolean between(Point a, Point b) {      // between_two_points_in_a_line
  if (area(a, b) ! = 0)
    return false;
  Point vector2 = b.sub(a);
  double dot1 = sub(a).dot(vector2), dot2 = vector2.mag2(), min = dot2 * Static.minimum;
  return Static.rounding(dot1, min)>= 0 && dot1 <= dot2 + min;
}


public boolean onLeft(Point p1, Point p2) {
  return area(p1, p2)>0;
}


public boolean onLeft(Point p) {      // (0,0),thisVector,pVector
  return area(p)>0;
}
```

```java
public boolean innerThan(int quadrant, Point p) {
    int i = quadrant % 2;
    return (quadrant<2) == (xy[i]<p.xy[i]);
}

public boolean opposite(Point a, Point b) {     // a-this_and_b-this_is_in_opposite_direction
    return area(a, b) == 0 && dot(a, b)<0;
}

public boolean along(Point a, Point b) {
    return area(a, b) == 0 && dot(a, b)>0;
}

}
```

2.10　Intersect. java

```java
package calc;

/**
 * @author Qian Jingping
 */

import point.Point;

public class Intersect {
    private Point ends[];
    private double area[];

    public final int state;
```

```
// e:extension=0x0~0x1111111111 ← ↑ → ↓ ↖ ↗ ↘ ↙
// ----------------- | | | | | | | | └──>p1_included(当 p1_extended==1 时自动满足)
// ----------------- | | | | | | | └──>p2_included(当 p2_extended==1 时自动满足)
// ----------------- | | | | | | └──>p3_included(当 p3_extended==1 时自动满足)
// ----------------- | | | | | └──>p4_included(当 p4_extended==1 时自动满足)
// ----------------- | | | | └──>p1_extended
// ----------------- | | | └──>p2_extended
// ----------------- | | └──>p3_extended
// ----------------- | | └──>p4_extended
// ----------------- | └──>parallel(overlap)允许平行
// ----------------- └──>reverse_direction 允许反向
        // return value：int,double[],Point[]
        // 0x001~0x00f：p1~p4_touched
        // 0x010~0x0f0：intersects_when_extends
        // 0x100：parallel(overlap)
        // 0x200：reverse_direction
        public Intersect(int e, Point... p) {      // p1_from,p2_to,p3_right,p4_left
          ends = p;
          area = new double[] {p[0].area(p[2], p[3]), p[1].area(p[3], p[2])};
          int m, n, r = 0;
          if (area[0] == -area[1]) {      // parallel
            if ((e & 0x100) != 0 && area[0] == 0 && (r = intCollinear(p)) != 0)
              r |= 0x100;// overlap
          } else if ((m = extend(1, e, area)) != 0) {      // set_s[2]_here,extending-line0||over-
line1
            double[] t = new double[] {p[2].area(p[1], p[0]), p[3].area(p[0], p[1])};
            if (((n = extend(4, e, t)) & 15) == 15) // p2p3 横跨
              r = m;// 可能是相交、p0p1 延长或搭接
            else if (n != 0) // p2p3 横跨延长或搭接,不可能是相交
              r = (m & 15) != 15 ? m | n : n;// m<0:p0p1 横跨,m>0:p0p1 延长或搭接,p2p3 延长或
搭接
          }
          state = r；
        }
        // ///////////////////
        public Point intersection() {
        if (state == 0)
          return null;
        int i = state & 15；
        if (i != 15 && i>0)// 搭接
```

```
        return ends[Static.bit(i)];// 搭接 one_of_the_end_touches_the_other_line
      double s2 = area[0] + area[1];// 否则求交点
      return ends[0].mult(area[1] / s2).add(ends[1].mult(area[0] / s2));// 相交(P0 * s1 + P1 *
s0)/(s0+s1)
   }


   private int intCollinear(Point... p) {
   return Static.btoi(p[0].between(p[2], p[3]), p[1].between(p[2], p[3]),//
     p[2].between(p[0], p[1]), p[3].between(p[0], p[1]))[0];
   }


   private int extend(int i, int e, double[] d) {
     int reverse = e & 0x200, m;
     for (int j = 0; j<2; j++)
       if (d[j] == 0) {
         int k = i <<j;
         if ((e & (k * 0x11))>0) {
           if (d[j ^ 1]>0)
             return k;// 0x1~0xf,p[j]搭接
           if (reverse>0)
             return k | 0x200;// 0x201~0x20f,p[j]反向搭接
         }
         return 0;
       }
     if (d[0]>0) {
       if (d[1]>0)
         return 15;// p0p1 横跨
       if ((m = e & (i <<5))>0 && d[0] + d[1]>0)
         return m | 15;// p1 延伸
     } else if ((m = e & (i <<4))>0 && d[0] + d[1]>0)
       return m | 15;// p0 延伸
     if (reverse>0)
       if (d[0]<0) {
         if (d[1]<0)// p0p1 反向横跨
           return 0x20f;
         if ((m = e & (i <<5))>0 && d[0] + d[1]<0)
           return m | 0x20f;// p1 反向延伸
       } else if ((m = e & (i <<4))>0 && d[0] + d[1]<0)
         return m | 0x20f;// p0 延伸
     return 0;
   }
```

```
}
```

2.11 Static. java

```
package calc;


/* *
 * @author Qian Jingping
 */

public class Static {
    static public final double minimum = 6e-10;

    static private boolean negative(double a, double b) {
        return a + b<Math. max(Math. abs(a), Math. abs(b)) * minimum;
    }

    static public int bit(int bit) {
        for (int i = 0, j; bit>= (j = 1 <<i); i++)
            if ((bit & j)>0)
                return i;
        return -1;
    }

    public static double rounding(double x, double min) {
        return x>min || x<-min ? x : 0;
    }

    static public double difference(double a, double b) {
        return rounding(a - b, Math. max(Math. abs(a), Math. abs(b)) * minimum);
    }

    static public double area(double x[], double y[]) {    //(x0y1-x1y0 + x1y2-x2y1 + x2y0-x0y2)/2
        if (negative(x[1] * x[0], y[1] * y[0]))
            return difference(x[0] * y[1], y[0] * x[1]);
        if (negative(x[1] * x[2], y[1] * y[2]))
            return difference(x[1] * y[2], y[1] * x[2]);
        return difference(y[2] * x[0], x[2] * y[0]);
    }
```

```java
static public int[] btoi(boolean... b) {
    int r[] = { 0, 0 };// 布尔位,非 0 个数
    for (int i = b.length; i-->0;)
        if (b[i]) {
            r[0] |= 1 <<i;
            r[1]++;
        }
    return r;
}

}
```

2.12 Data.java

```java
package io;


/**
 * @author Qian Jingping
 */

import point.HE_vert;

public interface Data {
    public HE_vert get(int n);

    public void close();
}
```

2.13 DataFile.java

```java
package io;


/**
 * @author Qian Jingping
 */

import java.io.FileNotFoundException;
import java.io.FileReader;
import java.io.IOException;
import java.io.LineNumberReader;
```

```
import java. text. NumberFormat；

import main. PartitionAp；
import point. HE_vert；

public class DataFile implements Data ｛
   FileReader fread；
   LineNumberReader lnr；

   public DataFile(String fname) ｛
      try ｛
         fread = new FileReader(fname)；
         lnr = new LineNumberReader(fread)；
      ｝ catch (FileNotFoundException e) ｛
         e. printStackTrace()；
      ｝
   ｝

   public void close() ｛
      try ｛
         fread. close()；
      ｝ catch (IOException e) ｛
         e. printStackTrace()；
      ｝
   ｝

   public HE_vert get(int n) ｛
      try ｛
         String s = lnr. readLine()；
         if (s == null)
            return null；
         if ("". equals(s))
            return HE_vert. vtBase；
         NumberFormat nf = NumberFormat. getNumberInstance()；
         try ｛
            int l = s. indexOf(',')；
            if (l＜1) ｛
               System. out. print(new String[] ｛ "\n 数据格式错：", "\nData file format error：" ｝
[PartitionAp. language]
                     + "\"" + s + "\"")；
               return null；
```

```
                }
                double x = nf.parse(s.substring(0, 1).trim()).doubleValue();
                double y = nf.parse(s.substring(1 + 1).trim()).doubleValue();
                return new HE_vert(n, x, y);
            } catch (Exception e) {
                e.printStackTrace();
            }
        } catch (IOException e) {
            e.printStackTrace();
        }
        return null;
    }

}
```

2.14   DataRandom.java

```java
package io;

/**
 * @author Qian Jingping
 */

import edge.HE_edge;

import java.util.ArrayList;

import point.HE_vert;
import point.Point;

public class DataRandom implements Data {
    static public boolean isRandom = true;
    static ArrayList<double[]>lPoint = new ArrayList<double[]>();
    int size, count, modThree = 0, modVariable = 0;
    boolean incr;
    HE_vert qCurr, qLast, v1, vLast;
    double[][] vi = {
    };

    public DataRandom(int n) {
        size = n;
```

```java
    qCurr = new HE_vert(0, Math.random() - 0.5, Math.random() - 0.5);
    lPoint.clear();
    lPoint = new ArrayList<double[]>();
  }


  public void close() {
//        if (isRandom)
//            new WritePoints(lPoint);
  }


  private boolean isSurround() {
    HE_edge e = v1.forth;
    while ((e = e.CCW()) ! = v1.forth && e.pair.vert.isOnP())
      ;
    return e == v1.forth;
  }


  private HE_edge virtualEdge() {
    HE_edge e = qLast.back, r = null;
    if (e == null)
      return null;
    double l = 0;
    do {
      if (e.pair.vert.isOnQ())
        r = e;
      else
        l += e.vector().mag1();
    } while ((e = e.CCW()) ! = qLast.back);
    return l<0.0001 ? r : null;
  }


  private boolean isNarrow() {
    HE_edge e = qLast.back;
    if (e == null)
      return false;
    int count = 0;
    double d, l = 0, dMin = Double.MAX_VALUE, aMax = 0, aMin = Math.PI;
    do {
      if (e.pair.vert.isOnQ())
        return false;
      Point p1 = e.pair.vert.sub(qLast), p2 = e.prev.vert.sub(qLast);
```

```
        d = Math.acos(p1.dot(p2) / p1.mag1() / p2.mag1());
        if (aMax<d)
          aMax = d;
        if (aMin>d)
          aMin = d;
        d = e.vector().mag1();
        if (dMin>d)
          dMin = d;
        l += d;
        count++;
      } while ((e = e.CCW()) != qLast.back);
      return l<0.5 || dMin<0.1 || aMax>3 || aMin<0.3 && count<4;
    }


    private boolean isSmall() {
      HE_edge e = qLast.back;
      if (e == null)
        return false;
      double d, l = 0;
      do {
        if (e.pair.vert.isOnQ())
          return false;
        d = e.vector().mag1();
        if (d<0.0000001)
          return true;
        l += d;
      } while ((e = e.CCW()) != qLast.back);
      return l<0.0000005;
    }


    private void midMove(HE_edge f) {
      modThree = ++modThree % 3;
      Point p = f.vert.add(f.pair.vert.sub(f.vert).mult(0.25 + modThree * 0.25));
      p = qLast.add(p.sub(qLast).mult(2));
      qCurr.moveTo(p);
    }


    private HE_vert middle(HE_edge e) {
      for (HE_edge f = e.prev; (f = f.prev) != e;) {
        if (f.isDiag() && f.gapEdge()) {
          if ((f.vert == v1 || f.pair.vert == v1) && isSmall()) {
```

```
        qCurr. moveTo(v1);
        return qCurr;
      }
    if (isRandom) {
      midMove(f);
      if (qLast. back ! = null && (qCurr. equals(qLast)
          || (qCurr. sub(qLast). uni(). dot(qLast. back. pair. vert. sub(qLast). uni()) ==
1))) {
          midMove(f);
        }
      }
      return qCurr;
    }
  }
  return null;
}


private HE_vert middle() {
HE_edge e = qLast. back;
ArrayList<Point>lp = new ArrayList<Point>();
do {
  HE_vert p = middle(e);
  if (p ! = null)
    lp. add(new Point(p));
} while ((e = e. CCW()) ! = qLast. back);
if (lp. size()>0) {
  qCurr. moveTo(lp. get(modVariable++ % lp. size()));
  return qCurr;
}
return null;
}

public HE_vert get(int n) {
  if (qLast == null || qLast. x() ! = qCurr. x() || qLast. y() ! = qCurr. y())
    qLast = qCurr;
  if (isRandom) {
    do {
      double x = Math. random() + qLast. x() - 0.5, y = Math. random() + qLast. y() - 0.5;
      qCurr = new HE_vert(n, x, y);
    } while (qCurr. mag2(qLast) == 0);
    if (qLast. back ! = null && (qCurr. sub(qLast). uni(). dot(qLast. back. pair. vert. sub(qLast). uni
```

```
())  ==  1))
        qCurr. moveTo(qLast);
      lPoint. add(new double[] { qCurr. x(), qCurr. y() });
    } else {
      if (count  ==  vi. length)
        return null;
      qCurr = new HE_vert(n, vi[count][0], vi[count][1]);
      count++;
    }
    if (n>size) {
      if (isSurround()) {
        HE_edge e = qLast. back, f, g;
        do {
          if ((f = e. prev). vert. isOnQ())
            if ((g = f. prev). vert. isOnP()) {
              double x = Math. random() * 0.5 + 0.01;
              if (vLast  ==  null) {
                vLast = g. vert;
                if (isRandom)
                  qCurr. moveTo(vLast. add(f. vert. mult(x)));
                if ((g = g. CW()). pair. vert. isOnQ())
                  g = g. CW();
                incr = (! g. isDiag() || g. monoSide()) == g. isForth();
                return qCurr;
              } else if (vLast. isForth(g. vert) == incr) {
                vLast = g. vert;
                if (isRandom)
                  qCurr. moveTo(vLast. add(f. vert. mult(x)));
                return qCurr;
              }
            }
          if (f. vert  ==  v1) {
            qCurr. moveTo(v1);
            return qCurr;
          }
        } while ((e = e. CCW()) ! = qLast. back);
        vLast = null;
        HE_vert p = middle();
        if (p ! = null)
          return qCurr = p;
        throw new RuntimeException("random1");
```

```
    }
    HE_edge e = qLast. back，f，g；
    do {
      if ((f = e. prev). vert. isOnQ())
        if ((g = f. prev). vert. isOnP()) {
          if (isRandom)
            qCurr. moveTo(g. vert == v1 ? v1 ：g. vert. add(f. vert. mult(Math. random() * 0.5
+ 0.01)));
            return qCurr；
          }
        if (f. vert == v1) {
          qCurr. moveTo(v1)；
          return qCurr；
        }
    } while ((e = e. CCW()) ! = qLast. back)；
    HE_vert p = middle()；
    if (p ! = null)
      return qCurr = p；
    new WritePoints()；
    throw new RuntimeException("random2")；
  }
  if (isNarrow()) {
    HE_vert p = middle()；
    if (p ! = null)
      return qCurr = p；
  }
  HE_edge e = virtualEdge()；
  if (e ! = null && isRandom) {
    qCurr. moveTo(qLast. add(e. pair. vert. mult(Math. random() * 0.5 + 0.01)))；
  }
  if (v1 == null)
    v1 = qCurr；
  return qCurr；
}


}
```

2.15　DrawRing. java

```
package io；
```

```
/**
 * @author Qian Jingping
 */

import java.awt.Color;
import java.awt.Graphics2D;
import java.awt.Rectangle;
import java.util.ArrayList;

import edge.HE_edge;
import main.PartitionPanel;
import point.HE_vert;
import point.Point;
import site.Partition;

public class DrawRing extends Traversal {
    double scale;
    int x1, y1, x2, y2, rx0, ry0, rx1, ry1, xy0, xy1, xy2, xy3;
    Color fillColor[];
    Graphics2D g;

    public DrawRing(boolean b, Partition p, double sc, Graphics2D graph) {
        super(b, p);
        // TODO Auto-generated constructor stub
        scale = sc;
        g = graph;
        Rectangle rect = g.getClipBounds();
        rx0 = rect.x;
        ry0 = rect.y;
        xy0 = rx0 + ry0;
        rx1 = rx0 + rect.width;
        ry1 = ry0 + rect.height;
        xy1 = rx1 + ry1;
        xy2 = rx0 - ry0;
        xy3 = rx1 - ry1;
    }

    public void drawPolygon() {
        HE_vert currV = part.V1;
        x1 = (int) (currV.x() * scale);
        y1 = (int) (-currV.y() * scale);
```

```
    traversalVertex();
  }


boolean out(int x0, int y0, int x1, int y1) {
  return (x0<rx0 && x1<rx0 || x0>rx1 && x1>rx1) //
    || (y0<ry0 && y1<ry0 || y0>ry1 && y1>ry1);
}


public void drawRing(Color c[]) {
  fillColor = c;
  traversalRing();
}


@Override
public void eachVertex(HE_vert currV) {
  x2 = (int) (currV.x() * scale);
  y2 = (int) (-currV.y() * scale);
  if (x1 ! = x2 || y1 ! = y2) {
    if (! out(x1, y1, x2, y2))
      g.drawLine(x1, y1, x2, y2);
    x1 = x2;
    y1 = y2;
  }
}


@Override
public void eachRing(HE_edge currentE) {
  if (currentE.flag == newFlag)
    return;
  currentE.setRingFlag(newFlag);
  boolean fill = PartitionPanel.isSelected(7);
  HE_edge e0, en = e0 = currentE;
  ArrayList<Point>pList = new ArrayList<Point>();
  boolean b0 = false;
  do {
    if (en.vert.isOnQ()) {
      if (en.pair.vert.isOnP() && en.prev.vert.isOnP())
        pList.add(part.hub(en.prev.pair));
      b0 = true;
    }
    pList.add(part.hub(en));
```

```
    } while ((en = en. next) ! = e0);
    int j = pList. size(), k;
    int xy[][] = { new int[j], new int[j] };
    for (k = 0; k<j; k++) {
        Point p = pList. get(k);
        xy[0][k] = (int) (p. x() * scale);
        xy[1][k] = (int) (-p. y() * scale);
    }
    pList. clear();
    x1 = x2 = xy[0][0];
    y1 = y2 = xy[1][0];
    for (k = 0; ++k<j;) {
        int x = xy[0][k], y = xy[1][k];
        if (x<x1)
            x1 = x;
        else if (x>x2)
            x2 = x;
        if (y<y1)
            y1 = y;
        else if (y>y2)
            y2 = y;
    }
    if ((x1 ! = x2 || y1 ! = y2) && ! out(x1, y1, x2, y2)) {
        k = b0 ? 6 : (e0. isConvex() ? 1 : 0) + (left ? 0 : 3);
        g. setColor(fillColor[k]);
        if (fill)
            g. fillPolygon(xy[0], xy[1], j);
        else
            g. drawPolygon(xy[0], xy[1], j);
        g. setColor(fillColor[left ? 2 : 5]);
        g. drawPolygon(xy[0], xy[1], j);
    }
  }
}
```

2. 16　RingSize. java

```
package io;


/* *
 * @author Qian Jingping
```

```
*/

import edge. HE_edge；
import point. HE_vert；
import site. Partition；

public class RingSize extends Traversal {
  private int sizeL，sizeR；

  public RingSize(boolean b，Partition p) {
    super(b，p)；
    traversalRing()；
  }

  public int getSize(boolean l) {
    return l ? sizeL ：sizeR；
  }

  @Override
  public void eachVertex(HE_vert currentV) {
  }

  @Override
  public void eachRing(HE_edge currentE) {
    if (currentE. flag ！＝ newFlag) {
      currentE. setRingFlag(newFlag)；
      if (left)
        sizeL++；
      else
        sizeR++；
    }
  }
}
```

2.17　Traversal. java

```
package io；

/**
 * @author Qian Jingping
 */
```

```java
import edge. HE_edge;
import point. HE_vert;
import site. Partition;

public abstract class Traversal {
  boolean bothSides, left, newFlag;
  Partition part;

  public Traversal(boolean b, Partition p) {
    bothSides = b;
    part = p;
  }

  public void traversalVertex() {
    HE_vert currentV = part. V1;
    do
      eachVertex(currentV);
    while ((currentV = currentV. nextV()) ! = part. Vl);
    eachVertex(currentV);
    if (part. V1. back ! = null)
      eachVertex(part. V1);
  }

  public void traversalRing() {      // Traversal_each_ring
    newFlag = ! part. V1. forth. flag;
    traversalRing(true);
    if (bothSides)
      traversalRing(false);
  }

  public void traversalRing(boolean l) {      // Traversal_each_ring_on_left/right
    left = l;
    traversalRingV1();
    for (HE_vert currentV = part. V1; (currentV = currentV. nextV()) ! = part. Vl;)
      traversalRing(currentV);
    traversalRingVl();
  }

  void traversalRingV1() {      // Traversal_each_ring_on_V1
    if (part. V1. back ! = null) {
```

```
      traversalRing(part.V1);
    } else if (left) {
      HE_edge stop = part.V1.forth;
      traversalRing(stop, stop);
    }
  }

  void traversalRing(HE_vert currentV) {      // Traversal_each_ring_on_currentV
    if (left) {
      traversalRing(currentV.forth, currentV.back);
    } else
      traversalRing(currentV.back, currentV.forth);
  }

  void traversalRingVl() {      // Traversal_each_ring_on_Vl
    if (part.Vl.forth ! = null) {
      traversalRing(part.Vl);
    } else if (! left) {
      HE_edge stop = part.Vl.back;
      traversalRing(stop, stop);
    }
  }

  void traversalRing(HE_edge currentE, HE_edge stop) {      // Traversal_each_ring_on_one_side
    do {
      eachRing(currentE);// the_whole_ring
    } while ((currentE = currentE.CCW()) ! = stop);
  }

  abstract public void eachVertex(HE_vert currentV);

  abstract public void eachRing(HE_edge currentE);

}
```

2.18 Triangulate.java

```
package io;


/* *
 * @author Qian Jingping
```

```
*/

import edge. HE_edge;
import point. HE_vert;
import site. Partition;

public class Triangulate extends Traversal {

    public Triangulate(boolean b, Partition p) {
        super(b, p);
    }

    @Override
    public void eachVertex(HE_vert currentV) {
    }

    @Override
    public void eachRing(HE_edge currentE) {
        if (currentE. flag ! = newFlag) {
            currentE. setRingFlag(newFlag);
            currentE. convexCorner(). triangulate(newFlag);
        }
    }
}
```

2.19 Write. java

```
package io;

/* *
 *  @author Qian Jingping
 */

import edge. HE_edge;
import main. PartitionAp;

import java. io. FileWriter;
import java. io. IOException;

import point. HE_vert;
import point. Point;
```

```java
import site.Partition;

public class Write {
    FileWriter fn;
    Partition part;

    public Write(Partition p) {
        part = p;
    }

    public void write(HE_edge[] curr, int i, int j, int a0) {
        try {
            double xy[][] = part.xy;
            double dx = part.perimeter * 10;
            if (fn == null)
                (fn = new FileWriter("test.scr")).write(
                    "undo be -layer m leafEdge1 c 3 \r\nm leafEdge2 c 1 \r\nm leafRay1 c 5 \r\nm leaf-
Ray2 c 4 \r\n " + ("osmode 0\r\n-linetype l dot\r\n\r\n\r\nltscale " + (dx * .01))
                    + ("\r\nzoom " + (xy[4][0] - dx * 5) + "," + (xy[4][1] - dx * 5) + " "
                    + (xy[4][0] + dx * 5) + "," + (xy[4][1] + dx * 5) + "\r\n"));
            dx = part.perimeter * 2;
            double x = dx * j * 2, y = dx * i * 1.0, h = dx * 0.05;
            for (HE_vert p, q = p = part.V1; true;) {
                try {
                    fn.write(drawTwig("clayer leafRay1 pline " + x + "," + y + " w 0 \r\n \r\n", q, x,
y));
                } catch (IOException e) {
                    e.printStackTrace();
                }
                if (q.forth == null || (q = q.nextV()) == p)
                    break;
            }
            if (curr != null) {
                HE_edge e = curr[0];
                Point p;
                fn.write("clayer leafEdge2 ");
                int n;
                for (n = 4; n-->0;) {
                    p = part.hub(curr[n]);
```

```java
          fn. write("circle " + (p. x() + x) + "," + (p. y() + y) + " " + part. perimeter *
0.000025 + "\r\n");
        }
        p = part. hub(e);
        fn. write("circle " + (p. x() + x) + "," + (p. y() + y) + " " + part. perimeter *
0.00005 + "\r\n");
        fn. write("pline ");
        for (n = 0; e ! = curr[1] && n++<4; p = part. hub(e = e. next))
          fn. write((p. x() + x) + "," + (p. y() + y) + " ");
        for (n = 0, e = curr[2]; e ! = curr[3] && n++<4; p = part. hub(e = e. next))
          fn. write((p. x() + x) + "," + (p. y() + y) + " ");
        fn. write("\r\n");
      }
      fn. write("clayer 0 text " + (x + xy[4][0]) + "," + (y + xy[4][1]) + " " + h + "\r\n\r\n"
+ "(" + i + "," + j + "," + a0 + ")\r\n");
      System. out. println(new String[] { "\r\n 数据被写入 ", "\r\nData are written to " }[PartitionAp.
language]+ "test. scr, x/y=" + x + "/" + y);
    } catch (IOException e) {
      e. printStackTrace();
    }
  }


  public void write(HE_edge from, HE_edge to, HE_edge gate, int i, int j) {
    try {
      double xy[][] = part. xy;
      double dx = part. perimeter * 10;
      if (fn == null)
        (fn = new FileWriter("test. scr")). write( "undo be —layer m leafEdge1 c 3 \r\nm leafEdge2
c 1 \r\nm leafRay1 c 5 \r\nm leafRay2 c 4 \r\n " + ("osmode 0\r\n—linetype l dot\r\n\r\n\r\n\r\nltscale
" + (dx * .01)) + ("\r\nzoom " + (xy[4][0] − dx * 5) + "," + (xy[4][1] − dx * 5) + " " +
(xy[4][0] + dx * 5) + "," + (xy[4][1] + dx * 5) + "\r\n"));
      dx = part. perimeter * 2;
      double x = dx * j * 2, y = dx * i * 1.0, h = dx * 0.05;
      if (from ! = to) {
        to = to. next;
        boolean full = false;
        HE_edge e = from;
        HE_vert q = (e = from). vert;
        if (full || true)
          for (int n = 0; e ! = to && n++<99; q = (e = e. next). vert) {
            fn. write(drawTwig("clayer 0 circle " + (q. x() + x) + "," + (q. y() + y) + " " +
```

```
        part. perimeter * 0.00001 + " " + "clayer leafRay1 Pline @ w 0 \r\n \r\n", q, x, y));
    }
    Point p;
    // ///////////////////
    if (full) {
        HE_vert s = gate. vert, t = gate. pair. vert, top = gate. isForth() ? t : s;
        fn. write("clayer leafEdge1 pliNe @ w " + part. perimeter * 0.0001 + " \r\n");
        for (s = top == t ? s : t; s ! = top;) {
            p = part. hub(s. forth);
            fn. write((p. x() + x) + "," + (p. y() + y) + " ");
            s = s. nextV();
        }
        p = part. hub(s. forth);
        fn. write((p. x() + x) + "," + (p. y() + y) + " ");
        fn. write(" clayer leafRay1 plinE ");
        fn. write("\r\n");
        for (s = top == t ? s : t; s ! = null && s ! = top; s = s. nextV()) {
            fn. write(drawTwig(
                "clayer 0 circle " + (s. x() + x) + "," + (s. y() + y) + " " + part. perimeter *
0.00001 + " " + "clayer leafRay1 Pline @ w 0 \r\n \r\n", //
                s, x, y));
        }
    }
    // ///////////////////
    p = part. hub(to. prev);
    fn. write("clayer leafRay2 circle " + (p. x() + x) + "," + (p. y() + y) + " " + part. per-
imeter * 0.000005 + "\r\n");
    p = part. hub(to);
    fn. write("circle " + (p. x() + x) + "," + (p. y() + y) + " " + part. perimeter *
0.000005 + "\r\n");
    fn. write("clayer leafEdge2 ");
    p = part. hub(from);
    fn. write("circle " + (p. x() + x) + "," + (p. y() + y) + " " + part. perimeter *
0.000015 + "\r\n");
    fn. write("circle " + (p. x() + x) + "," + (p. y() + y) + " " + part. perimeter *
0.00003 + "\r\n");
    p = part. hub(e = from);
    fn. write("plinE @ w " + part. perimeter * 0.000002 + " \r\n");
    if (e ! = to) {
        for (int n = 0; e ! = to && n++<99; p = part. hub(e = e. next))
        fn. write((p. x() + x) + "," + (p. y() + y) + " ");
```

```
            fn. write("w " + part. perimeter * 0.000005 + " 0 ");
        }
        fn. write((p. x() + x) + "," + (p. y() + y) + " ");
        fn. write("\r\n");
    }
    fn. write("clayer 0 text " + (x + xy[4][0]) + "," + (y + xy[4][1]) + " " + h + "\r\n\
r\n" + "(" + i + "," + j + ")\r\n");
    System. out. println(new String[] { "\r\n 数据被写入", "\r\nData are written to " }[Partition-
Ap. language]+ "test. scr, x/y=" + x + "/" + y);
    } catch (IOException e) {
        e. printStackTrace();
    }
}


public void write(int N) {
    try {
        if (fn == null)
            fn = new FileWriter("test. scr");
        fn. write("\r\r\n\r\r\n" + N + "========\r\r\n");
        for (HE_vert q = part. V1; q. forth ! = null && q. forth. pair. vert. ID ! = 1; q = q. nextV())
{
            String str = "" + q. ID + ":";
            HE_edge e = q. forth;
            do {
                do
                    str += (e. isDiag() ? "D" : "E") + e. pair. vert. ID + ",";
                while ((e = e. CW()) ! = q. forth && str. length()<90);
                if (e ! = q. forth)
                    str += "\r\r\n";
                fn. write(str);
                str = " ";
            } while (e ! = q. forth);
            fn. write("\r\r\n");
        }
    } catch (IOException e) {
        e. printStackTrace();
    }
}


String line(Point v, Point q, double x, double y) {
    return new String((v. x() + x) + "," + (v. y() + y) + " " + (q. x() + x) + "," + (q. y()
```

```java
    + y) + " ");
    }


String drawTwig(String s, HE_vert v, double x, double y) {
    String r = "";
    HE_edge ln = v.forth ! = null ? v.forth : v.back, stop = ln;
    if (ln ! = null && ln.next ! = stop) {
        Point p = part.hub(ln);
        r = s;
        do {
            if (! ln.isForth())
                r += line(p, part.hub(ln.pair), x, y);
        } while (ln.prev ! = null && (ln = ln.CCW()) ! = stop);
        if (r.equals(s))
            r = "";
        else
            r += "\r\n";
    }
    return r;
}


public void closeContinue() {
    try {
        fn.write("clayer 0\r\n—layer off branchEdge,branchRay,leafEdge");
        fn.write("\r\n zoom e\r\n—color 1\r\nosmode 33\r\nundo e\r\n");
        fn.close();
    } catch (IOException e) {
        e.printStackTrace();
    }
}


public void close() {
    try {
        fn.write("clayer 0\r\n—layer off branchEdge,branchRay,leafEdge");
        fn.write("\r\n zoom e\r\n—color 1\r\nosmode 33\r\nundo e\r\n");
        fn.close();
    } catch (IOException e) {
        e.printStackTrace();
    }
}
```

2.20 WriteCCR.java

```java
package io;

/**
 * @author Qian Jingping
 */

import java.io.FileWriter;
import java.io.IOException;

import edge.HE_edge;
import point.HE_vert;
import site.Partition;

public class WriteCCR extends Traversal {
    FileWriter fn;

    public WriteCCR(boolean b, Partition p, String fname) {
        super(b, p);
        try {
            fn = new FileWriter(fname);
            fn.write("//" + p.Vl.ID + (p.Vl.back != null ? "+1" : "") + " Vertices:\r\n");
            traversalVertex();
            /////////////////
            RingSize sz = new RingSize(b, p);
            int szL = sz.getSize(true), szR = sz.getSize(false);
            fn.write("\r\n\r\n//" + szL + " Left Ring" + (szL>1 ? "s" : "") + ":\r\n");
            newFlag = ! part.Vl.forth.flag;
            traversalRing(true);
            if (bothSides) {
                fn.write("\r\n//" + szR + " Right Ring" + (szR>1 ? "s" : "") + ":\r\n");
                traversalRing(false);
            }
            /////////////////
            fn.close();
        } catch (IOException e) {
            e.printStackTrace();
        }
    }
```

```java
@Override
public void eachVertex(HE_vert currentV) {
  try {
    fn.write(currentV.x() + "," + currentV.y() + "\r\n");
  } catch (IOException e) {
    e.printStackTrace();
  }
}


@Override
public void eachRing(HE_edge currentE) {
  if (currentE.flag != newFlag) {
    currentE.setRingFlag(newFlag);
    HE_edge e0, en = e0 = currentE;
    try {
      for (fn.write("" + e0.vert.ID); (en = en.next) != e0;)
        fn.write("," + en.vert.ID);
      fn.write("\r\n");
    } catch (IOException e) {
      e.printStackTrace();
    }
  }
}
```

2.21 WritePoints.java

```java
package io;


/**
 * @author Qian Jingping
 */

import java.io.FileWriter;
import java.io.IOException;
import java.util.ArrayList;

import main.PartitionAp;

public class WritePoints {
  FileWriter fn;
```

```java
    public WritePoints() {
        try {
            ArrayList<double[]>lPoint = DataRandom.lPoint;
            fn = new FileWriter("random.txt");
            for (int i = 0; i<lPoint.size(); i++) {
                double[] v = lPoint.get(i);
                fn.write(new String("{" + v[0] + "," + v[1] + "},\r\n"));
            }
            fn.close();
            System.out.print(
                    new String[] { "\n多段线顶点数组被写入", "\nPolyline vertices array is written to
file " }[PartitionAp.language]
                    + "random.txt");
        } catch (IOException e) {
            // TODO Auto-generated catch block
            e.printStackTrace();
        }
    }
}
```

2.22 WriteRandom.java

```java
package io;

/**
 * @author Qian Jingping
 */

import java.io.FileWriter;
import java.io.IOException;

import main.PartitionAp;
import point.HE_vert;

public class WriteRandom {
    FileWriter fn;

    public WriteRandom(HE_vert V1) {
        try {
            fn = new FileWriter("random.pts");
```

```
    HE_vert v = V1;
    int i = 0;
    do {
        if (i>2000) {
            fn. write("//\r\n");
            break;
        }
        fn. write(new String(v. x() + "," + v. y() + "\r\n"));
    } while (v. forth ! = null && (v = v. nextV()) ! = null && v ! = V1);
    if (v == V1)
        fn. write(new String(V1. x() + "," + V1. y() + "\r\n"));
    fn. close();
    System. out. print(
        new String[] { "\n多边形顶点被写入", "\nPolygon vertices are written to file " }[Par-
titionAp. language] + "random. pts");
    } catch (IOException e) {
        e. printStackTrace();
    }
    }
}
```

3. Boundary. lsp

```
(defun dflts (d_str prmp / x)
  (setq x (getstring (strcat prmp
       (if d_str
          (strcat "<" d_str ">")
          ""
          )
       ":"
       )
    )
  )
  (if (/= "" x)
     x
     d_str
  )
)


(defun strdot (a / s)
  (setq s (rtos a 2 16))
  (if (= (fix a) a)
    (strcat s ".0")
     s
  )
)


(defun strtrimlast (str / k s)
  (setq k (strlen str)
     s (substr str k 1)
  )
  (if (or (= s " ") (= s "\n") (= s ","))
    (strtrimlast (substr str 1 (1- k)))
     str
  )
)


(defun strpnt (p)
  (strcat (strdot (car p)) "," (strdot (cadr p)))
```

```
)

(defun save (str / f)
  (setq f (dflts (strcat "" "test.txt") "Please specify a file name")
    f (open f "w")
  )
  (write-line str f)
  (close f)
  (princ)
)


(defun getval (n e)
  (if e
    (cdr (assoc n e))
    ()
  )
)


(defun entval (n e / a)
  (if (and e (setq a (entget e)))
    (cdr (assoc n a))
    ()
  )
)


(defun c:bd (/ ss v ent m n v1 v2 str cnt)
  (setq ss (ssget)
    v -1
  )
  (repeat (if ss
    (sslength ss)
    0
  )
    (setq v (1+ v)
      ent (ssname ss v)
    )
    (if(and ent (= (entval 0 ent) "LWPOLYLINE"))
      (setq v1 (append v1 (list (entget ent))))
    )
  )
  (princ (strcat (itoa (length v1)) " PolyLines selected. "))
```

```
  (setq m 0
    str ""
  )
  (repeat (length v1)
   (progn
    (setq
        v2(get_pl－pb0 (nth m v1))
        m (1＋ m)
        n 0
        cnt 0
     )
     (repeat (length v2)
     (progn
      (setq
       str(strcat str (strpnt (nth n v2)) "\n")
       n(1＋ n)
       cnt(1＋ cnt)
      )
     )
     )
     (setq str (strcat str "\n\n"))
   )
  )
  (save (strtrimlast str))
  (princ)
)


;;;;;;;;;;;;;;;;;;;;;;;;;;;;;;;;;;;;;;;;;;;;;;;;;;;后续程序源于网络
(DEFUN getpl_pt(/ P EN P1 ET PT PL EN0 P2 PTC RR AN DF);返回三维坐标点
  (setq e (car (entsel)))
  (SETQ PL NIL)
  (SETQ EN0 (ENTGET E)
    ET(CDR (ASSOC 0 EN0))
  )
  (COND
    ((＝ ET "LWPOLYLINE")
     (setq EN0 (entget E)
        P (ASSOC 10 EN0)
        h (list (cdr (ASSOC 38 EN0)))
        PL nil
      )
```

```
 (WHILE P
   (SETQ EN0 (MEMBER P EN0)
     P (CDR (ASSOC 10 EN0))
     EN0 (CDR EN0)
     PL (CONS (append P h) PL)
     P (ASSOC 10 EN0)
   )
 )
 (setq PL (reverse PL))
 )
 ((= ET "POLYLINE")
  (SETQ EN (ENTGET (SETQ E (ENTNEXT E))))
  (WHILE (/= (CDR (ASSOC 0 EN)) "SEQEND")
    (SETQ P (CDR (ASSOC 10 EN)))
    (SETQ P (TRANS P E 1))
    (SETQ PL (CONS P PL))
    (SETQ EN (ENTGET (SETQ E (ENTNEXT E))))
  )
  )
 )
 (REVERSE PL)
)


(defun get_lwpl-pb (e / en pl openmod enp p n i lst)
;;;取得 lwPOLYLINE 线顶点表；
  (setq en(entget e)
    pl nil
    openmod(getval 70 en)
    n(getval 90 en)
  )
  (if (= (getval 0 en) "LWPOLYLINE")
    (progn
      (setq lst(assoc 10 en)
        lst(member lst en)
        i 0
      )
      (while (= (car (nth i lst)) 10)
        (setq p (cdr (nth i lst))
              pl (cons p pl)
        )
        (setq i (+ i 4))
```

```
        );while
      )
    )
  (if (= openmod 1)
    (setq pl (cons (nth (- (length pl) 1) pl) pl))
  )
  (reverse pl)
)


(defun get_lwpl-pb1 (e / en pl openmod enp p p0 a i lst)
;;;取得带圆弧的 LWPOLYLINE 线上顶点表((p a)(p a)...)
  (setq en(entget e)
    pl nil
    openmod(getval 70 en)
  )
  (if (= (getval 0 en) "LWPOLYLINE")
    (progn
      (setq lst(assoc 10 en)
        lst(member lst en)
        p0 nil
        i 0
      )
      (while (= (car (nth i lst)) 10)
        (setq p(cdr (nth i lst))
              a(cdr (nth (+ i 3) lst))
        )
        (setq i (+ i 4))
        (if (or(and p0 (>(distance p p0) 0.01))
             (not p0)
            )
          (setq pl (cons (list p a) pl))
        )
      );while
    )
  )
  (if (= openmod 1)
    (setq pl (cons (nth (- (length pl) 1) pl) pl))
  )
  (reverse pl)
)
```

```
(defun get_pl-pb (e / en pl openmod enp p ep)
;;;取得 POLYLINE 线顶点表
  (setq en(entget e)
    pl nil
    openmod(getval 70 en)
    ep e
  )
  (if (= (getval 0 en) "POLYLINE")
    (progn
      (setq ep (ENTNEXT ep))
      (while (= (getval 0 (setq en (entGET ep))) "VERTEX")
        (setq p (getval 10 en)
              pl (cons p pl)
        )
        (setq ep (ENTNEXT ep))
      );while
    )
  )
  (if (= openmod 1)
    (setq pl (cons (nth (- (length pl) 1) pl) pl))
  )
  (reverse pl)
)


(defun get_pl-pb0 (en / pl openmod enp p ep)
;;;取得 lwpl 和 pl 线顶点表(p p ...)
  (setq pl nil
    openmod(getval 70 en)
    ty(getval 0 en)
    ep e
  )
  (cond
    ((= ty "POLYLINE")
     (setq ep (ENTNEXT ep))
     (while (= (getval 0 (setq en (entGET ep))) "VERTEX")
       (setq p(getval 10 en)
         pl(cons p pl)
       )
       (setq ep (ENTNEXT ep))
     );while
     (if (= openmod 1)
```

```
          (setq pl (cons (nth (- (length pl) 1) pl) pl))
        )
      (setq plist (reverse pl))
    )
    ((= ty "LWPOLYLINE")
     (setq lst (assoc 10 en)
         lst (member lst en)
         p0  nil
         i   0
     )
     (while (= (car (nth i lst)) 10)
       (setq p (cdr (nth i lst))
           i (+ i 5)
       )
       (if (or (and p0 (> (distance p p0) 0.01))
              (not p0)
            )
         (setq pl (cons p pl))
       )
     );while
     (if (= openmod 1)
       (setq pl (cons (nth (- (length pl) 1) pl) pl))
     )
     (setq plist (reverse pl))
    )
    (t (setq plist nil))
  )
  plist
)


(defun get_pl-pba0 (e / en pl openmod enp p ep)
;;;取得 lwpl 和 pl 线顶点表((p a)(p a)...)
  (setq en (entget e)
      pl nil
      openmod (getval 70 en)
      ty (getval 0 en)
      ep e
  )
  (cond
    ((= ty "POLYLINE")
     (setq ep (ENTNEXT ep))
```

```
    (while (= (getval 0 (setq en (entGET ep))) "VERTEX")
      (setq p(getval 10 en)
        a(getval 42 en)
        pl(append pl (list (list p a)))
        ep(ENTNEXT ep)
      )
    )
    (if (= openmod 1)
      (setq pl (append pl (list (list (car (car pl)) 0))))
    )
    (setq plist pl)
    )
    ((= ty "LWPOLYLINE")
    (setq lst (assoc 10 en)
      lst (member lst en)
      p0   nil
      i    0
    )
    (while (= (car (nth i lst)) 10)
      (setq p (cdr (nth i lst))
        a (cdr (nth (+ i 3) lst))
      )
      (setq i (+ i 4))
      (if (or (and p0 (>(distance p p0) 0.01))
            (not p0)
          )
        (setq pl (cons (list p a) pl))
      )
    )
    (if (= openmod 1)
      (setq pl (cons (nth (- (length pl) 1) pl) pl))
    )
    (setq plist (reverse pl))
    )
    (t (setq plist nil))
  )
  plist
)

(princ)
```

4. 多边形样例数据文件 randoml.pts（顶点坐标）

0.002219291612552299,0.31780111235099784

－0.008246136683143668,0.5363419149490336

0.4462122420295118,0.07016630398186474

0.21391400414943262,0.06233117404794253

0.211385527176199,0.18798618159370034

0.12682172395500468,－0.07954429456131357

0.38509986403571106,－0.2010842834080488

0.456743291545223,－0.5842094799545745

0.2547906160556236,－0.44769463021200795

0.16674952272518817,－0.9136596285535448

0.5124490640359673,－1.285477977212336

0.41204967858702146,－1.2416036751384025

0.16693122246937764,－1.4771911384636125

0.17644738202439159,－1.31037074416161

0.15732421304226896,－1.3622457778105814

－0.23945314800782525,－1.592523254183087

－0.43344229741079277,－1.4266465384702838

－0.28900874570894175,－1.7776981476936387

－0.19124007141116006,－1.8673532355485642

－0.07672823430414999,－1.7169411493227629

0.17659750682012887,－2.0259459617142395

0.4885814455663434,－1.7141529301009322

0.3229043472878049,－1.5165154375828334

0.024698789633397666,－1.4525515359005154

0.5431233425329985,－1.560817189705541

0.6608003332065004,－1.5741643252077027

0.44307282743814225,－1.7651874971323396

0.39432501258848707,－1.8349227897896025

0.3886051178131824,－1.9294865359732607

0.5099396079728613,－1.9643198153303654

0.5229181199464001,－1.9857609147476913

0.762429749991326,－2.015317222565872

0.9396167439043701,－2.3051778469730144

0.6641275838948516,－2.009660922153655

1.0067565919349035,－2.4409863056797123

1.2356813228355665,－2.9289620463535657

0.8012057811835254，−3.2169669776236445

0.5547964571741901，−3.0806094395493213

0.831064835280549，−2.8867987092114062

0.9659664118241755，−2.838591247257183

1.035908553913035，−2.926807677523243

1.145602467316956，−2.971028766970497

1.1909027228484814，−2.8417099261884426

0.9614563364033781，−2.570305146461767

1.0030470001133238，−2.54601935464184

0.987075830855665，−2.5638685979359357

1.180748386729413，−2.815639013690208

0.9369801707192975，−2.3690761178369746

0.899654121398114，−2.454783375202613

−0.13323436111125875，−1.8571452446896668

0.4967907468742888，−3.0908174304082188

0.9676384109716305，−3.392312018905577

1.4238183998370508，−3.6100804012843963

1.510354537064467，−3.5997785453659707

1.343265401074448，−3.721911719046218

1.382347012448307，−3.665425651916687

1.11637029464918，−3.613597936105429

1.4991705530867323，−4.0864096830571075

1.1075380715894854，−4.258223914834835

0.8624937914968605，−4.4053330115813285

1.3345379026253124，−4.070166286501494

1.4224111912863435，−4.013340718566239

−0.24597817522648002，−2.8255519328367535

−0.3044416261926517，−2.328436686540373

−0.3749788464446211，−1.9237617847666648

−0.6886093050259662，−1.4918730372215763

−0.894322030786471，−1.764062578862713

−0.751144881859912，−1.6834920510137699

−0.7708172706841527，−1.6550842249964077

−0.6930768822217694，−1.520437705689727

−0.6506384470267701，−1.924069524188217

−0.5871991777707427，−1.8214752428437362

−0.6241546333723247，−1.8229745073411514

−0.6521019591883391，−1.5571675828055143

−0.3684337671228395，−1.988899208798514

−0.6155610347369984，−1.9210014630260244

−0.40351117941261117，−1.9919672699607067

−0.41455537053298214,−1.9825801428326617

−0.36549053669392134,−1.9918882138664558

−0.39199704552132125,−2.1602810343447914

−0.39527773755657974,−2.624329390594661

−0.29573678575816753,−2.4883617106598788

−0.3455191270248922,−2.9615196127715357

−0.21208836375448958,−2.8594149098186348

1.1772899599738345,−3.897467340205359

1.2429426207725176,−4.054705699800467

−1.3299744155614257,−2.590240225147501

−1.6350035436098618,−3.054559628450105

−1.2017018387213732,−2.9834511595866067

−1.3129284786154996,−2.85849637690102

−1.0773784764381702,−3.087095186776584

−1.0727775315761112,−2.78373585812799

−1.1062322448434734,−2.7411424134578626

1.0552249921856476,−4.249523324353532

−0.3146004273620935,−3.729047399747392

−1.706657992304269,−3.0551585487184294

−2.0787461738331885,−3.3404005830147945

−1.9483124681030446,−3.5663314761052156

−1.833007004381951,−3.6309025233998975

−2.2026665889948784,−3.7472927933751454

−1.8910281438247298,−3.6309025233998975

−2.2599509132731934,−3.682721746080463

−2.2500056759107476,−3.6309025233998975

−2.161024753053639,−3.3404005830147945

−1.7263353917794517,−3.0551585487184294

−1.9623627531942422,−2.837473615235119

−0.975294448489839,−1.764062578862713

−0.7567974854489933,−1.4918730372215763

0.002219291612552299,0.31780111235099784